U0312018

Tasty Food
食在好吃

豆腐料理
一本就够

杨桃美食编辑部 主编

江苏凤凰科学技术出版社

图书在版编目（CIP）数据

豆腐料理一本就够 / 杨桃美食编辑部主编 . -- 南京：
江苏凤凰科学技术出版社，2015.7（2019.11 重印）
（食在好吃系列）
ISBN 978-7-5537-4230-4

Ⅰ . ①豆… Ⅱ . ①杨… Ⅲ . ①豆腐 - 菜谱 Ⅳ .
① TS972.123

中国版本图书馆 CIP 数据核字 (2015) 第 049009 号

豆腐料理一本就够

主　　　编	杨桃美食编辑部	
责 任 编 辑	葛　昀	
责 任 监 制	方　晨	

出 版 发 行	江苏凤凰科学技术出版社
出版社地址	南京市湖南路 1 号 A 楼，邮编：210009
出版社网址	http://www.pspress.cn
印　　　刷	天津旭丰源印刷有限公司

开　　　本	718mm×1000mm　1/16
印　　　张	10
插　　　页	4
版　　　次	2015年7月第1版
印　　　次	2019年11月第2次印刷

标 准 书 号	ISBN 978-7-5537-4230-4
定　　　价	29.80元

图书如有印装质量问题，可随时向我社出版科调换。

豆腐

朴实的平价美食——豆腐，看似不起眼，其实含有许多丰富的营养，别看它小小一块，很少有食材像豆腐一般，既能当"主角"，也能当"配角"衬托出其他食材的风味，似乎搭配各种食材都不会显得太过突兀。豆腐的种类繁多，除了最常见常吃的板豆腐、嫩豆腐，还有吃火锅时常加入的冻豆腐，以及用来煎或炸都美味的鸡蛋豆腐等，能够变化的料理更是不胜枚举。品尝大鱼大肉虽然美味，但不免让人感到有些烦腻，不如换换口味，吃吃清爽的豆腐吧！带着淡淡黄豆清香的豆腐，有着绵密的口感，在品尝过后常难以忘怀它的滋味，简单的味道最能令人回味无穷。

目录
CONTENTS

PART1
必学经典豆腐料理

10	麻婆豆腐	17	虾仁镶豆腐
10	铁板豆腐	18	客家酿豆腐
11	家常豆腐	18	咸鱼鸡粒豆腐煲
11	酱香豆腐	18	清蒸臭豆腐
11	宫保豆腐	19	白菜狮子头
12	三杯豆腐	20	双菇豆腐煲
12	金沙豆腐	20	皮蛋豆腐
12	西红柿炒豆腐	20	海带卤油豆腐
13	鸡肉豆腐	21	香卤百叶豆腐
13	罗汉豆腐	21	酥炸豆腐
14	蟹黄豆腐	22	扬出豆腐
14	酱烧豆腐	22	酸辣豆腐汤
15	酥炸虾仁豆腐	23	韩式海鲜豆腐锅
16	京烧豆腐	24	红烧臭豆腐
16	萝卜卤油豆腐	24	传统臭豆腐
16	卤豆腐		
17	豆酱烧豆腐		

PART 2
人气家常豆腐料理

26	豆酱豆腐	32	蟹肉烩豆腐	39	蟹肉锅巴豆腐
26	煎黑胡椒豆腐	33	杂烩酱豆腐	40	酱香鲈鱼豆腐
27	花生豆腐	33	泡菜油豆腐	40	南瓜蛋豆腐
27	鸡蛋冻豆腐	33	辣味炒油豆腐	41	牛肉豆腐煲
27	豆腐松	34	雪里红炒百叶豆腐	41	雪花豆腐
28	奶酪煎豆腐	34	茄烧豆腐	42	脆皮豆腐
28	韭菜煎豆腐	34	辣炒炸豆腐	42	香脆蛋豆腐
28	香味芝麻豆腐	35	酸甜菠萝豆腐	43	日式炸豆腐
29	回锅豆腐	35	豉椒炒臭豆腐	43	柴鱼豆腐
29	香煎豆腐饼	36	麻婆金针菇豆腐	44	麻辣豆腐丁
30	咖喱蛋豆腐	36	蚝油鸡丁冻豆腐	44	咖喱豆腐
30	糖醋豆腐	36	苦瓜炒豆腐	44	酥炸豆腐丸
30	素麻婆豆腐	37	肉酱炒油豆腐	45	炸芙蓉豆腐
31	糖醋臭豆腐	37	虾仁烧豆腐	45	酥炸豆腐肉丸
31	韭菜花炒豆腐丁	38	辣油皮蛋豆腐	46	豆腐丸子
31	素五更肠旺	38	鱼香脆皮豆腐	46	牛肉豆腐饼
32	铁板牡蛎豆腐	38	肉酱烧豆腐	47	老皮嫩肉

47	铁板风味豆腐	59	沙茶百叶豆腐	70	红烧鱼豆腐
48	口袋豆腐	59	西红柿焗烤豆腐	70	红烧豆芽豆腐
49	香菇蒂豆腐	60	豆瓣酱烤豆腐	71	麻婆红白豆腐
49	豆腐黄金砖	60	味噌豆腐	71	五花肉烧冻豆腐
50	香料炸豆腐	61	海鲜焗豆腐	72	莲藕煮百叶豆腐
50	炸半月豆皮饺	61	竹笋干焓豆腐	72	梅子烧豆腐
51	咖喱豆腐饼	62	油葱酥卤油豆腐	72	香椿酱烧百叶
52	豆腐豆皮卷	62	海带卤油豆腐	73	咖喱百叶豆腐
53	鲜菇豆腐盒	62	味噌烧油豆腐	73	红烧猴头菇百叶
53	锅塌豆腐	63	五花肉烧油豆腐	74	福菜卤百叶豆腐
54	橙汁素排骨	64	卤油豆腐	74	蒜烧臭豆腐
54	黄袍豆皮卷	64	猪肉炒油豆腐	75	蚝油百叶豆腐
55	百花豆腐球	65	红白豆腐	75	豆瓣蒸豆腐
55	椒盐臭豆腐	65	黑豆卤油豆腐	75	福菜焖臭豆腐
55	创意麻辣臭豆腐	65	肉末烧豆腐	76	豆酱蒸豆腐
56	酥炸百叶豆腐	66	辣焖豆腐	76	蛋黄肉豆腐
56	炸绿茶豆腐	66	酱烧油豆腐镶肉	77	西红柿肉片豆腐
57	西红柿豆皮豆腐	67	红烧素丸子	77	豆酥酱豆腐
57	西蓝花烤嫩豆腐	68	红烧豆腐	77	酸辣蒸豆腐
57	酱烤豆腐	68	红烧蛋豆腐	78	银鱼豉油豆腐
58	香烤臭豆腐	68	梅菜烧冻豆腐	78	肉馅豆腐紫菜卷
58	白菜臭豆腐	69	姜汁烧豆腐	78	咸冬瓜蒸豆腐
59	培根焗豆腐	69	沙茶鸡肉油豆腐	79	咸鱼蒸豆腐

79	虾酱肉蒸豆腐	88	清蒸丝瓜豆腐	97	肉片煮豆腐
79	蒜末小章鱼豆腐	89	鱼香蛋豆腐	98	蟹肉火锅豆腐
80	银耳蒸豆腐泥	89	蟹肉蛋豆腐	98	砂锅素丸子
80	豆蓉豆腐	90	麒麟豆腐	99	虾焖煮冻豆腐
81	家乡蒸豆腐	90	雪里红蒸豆腐	99	时蔬豆腐丸
81	肉饼蒸豆腐	91	豆豉蒸香菇豆腐	100	豆腐煲
81	莲蓬豆腐	91	蒸三色豆腐	100	黄金豆腐
82	虾仁镶豆腐	92	梅干蒸百叶豆腐	101	酸辣臭豆腐
83	腊肠蒸豆腐	92	牡蛎豆腐	101	煮臭豆腐
83	福建镶豆腐	93	客家酱豆腐	101	味噌煮豆腐
84	碎肉豆腐饼	93	丝瓜豆腐	102	干锅香菇豆腐煲
84	梅酱蒸鲜虾豆腐	94	酒香豆腐	103	鲜鱼鸡粒豆腐煲
85	蒜味鲜虾嫩豆腐	94	葱油板豆腐	103	鲜虾豆腐煲
85	虾泥蒸豆腐	95	什锦菇煮百叶豆腐	104	一品豆腐煲
86	蟹黄虾尾豆腐	95	黄金玉米煮豆腐	104	海参豆腐煲
86	荸荠镶油豆腐	96	双菇炖豆腐	105	大马站煲
87	白玉南瓜卷	96	什锦菜烩豆腐	105	海带鲜虾豆腐煲
87	豆腐茶碗蒸	96	咸蛋烩豆腐	105	文思豆腐
88	菠菜豆腐	97	炸蛋咖喱豆腐	106	花豆豆腐煲

106　翡翠豆腐羹
107　海鲜豆腐羹
107　芥菜豆腐羹
107　三丝豆腐羹
108　苋菜豆腐羹
108　发菜豆腐羹
109　海带芽味噌汤
109　西红柿豆腐鱼汤
109　味噌豆腐鱼柳汤
110　花豆鲜鱼豆腐汤
110　罗勒豆腐牡蛎汤
110　芥菜豆腐鲜鱼汤
111　八珍豆腐煲

112　银耳豆腐汤
112　味噌豆腐粥
112　油豆腐煮粉条
113　清香豆腐
113　拌四丝豆腐
113　葱油淋豆腐
114　芝麻酱葱油豆腐
114　鱼子豆腐
114　韩式泡菜豆腐
115　椿芽拌豆腐
115　药膳豆腐
116　萝卜泥豆腐
116　芝麻酱豆腐

117　银鱼拌豆腐
117　水果豆腐西红柿盅
118　西红柿蛋豆腐盘
118　莎莎酱衬嫩豆腐
118　茄汁拌豆腐
119　香芒鲜虾豆腐
119　皮蛋青椒豆腐
119　豆腐泥拌菌菇
120　日式冷豆腐
120　红豆椰浆豆腐
120　柚香红糖蜜豆腐

PART 3
热门美味豆干料理

122　卤豆干
122　蜜汁豆干
122　五香小豆干
123　烟熏豆干
124　墨鱼炒豆干
124　豆豉萝卜炒豆干
124　丁香鱼炒豆干
125　雪里红炒豆干
125　青豆炒豆干
125　客家炒豆干

126　腐乳豆干鸡
127　红椒四季豆炒豆干
127　回锅肉炒豆干
127　海带丝炒白干丝
128　蒜苗培根炒豆干
128　XO酱豆干
129　马铃薯咖喱豆干
129　芹菜肉丝炒豆干
130　肉丁炒豆干丁
130　八宝辣酱

131　素香菇炸酱
131　香菜梗炒豆干丝
132　韭菜花炒豆干
132　青椒炒豆干丝
133　什锦素菜炒豆干
133　芹菜炒官印豆干
133　糖醋豆干
134　蒜苗辣炒豆干丁
134　胡椒豆干
134　酱爆豆干丁
135　橘酱肉片豆干
135　辣豆瓣炒豆干
136　牛肉炒干丝
136　梅花肉烧豆干
137　鸡翅烧豆干
137　嫩蛋拌豆干
138　凉拌豆干丝
138　凉拌豆干
138　凉拌海带豆干丝
139　辣拌豆干丁
139　凉拌绿豆芽豆干
139　韩味辣豆干
140　粉丝拌豆干丝
140　泡菜肉末豆干
141　柠香咖喱鸡豆干
141　培根黑豆干
142　香油姜味豆干
142　烟熏奶酪豆干

144 白菜煮豆皮	149 椒麻脆皮素鸡	155 养生豆浆
144 西红柿烧豆皮	149 药膳炖素鳗鱼	156 豆浆芝麻糊
144 芹菜炒豆皮	150 口袋油豆包	156 薏仁豆浆
145 毛豆炒豆皮	150 茄汁豆包	156 咸豆浆
145 什锦大锅煮	151 素蚝油腐竹	157 豆浆咸燕麦粥
146 香菇豆包卷	151 鲜菇烩腐竹	157 豆浆清粥
146 炒什锦素菜	152 酱油拌腐竹	157 豆浆蒸蛋
146 杏鲍菇炒豆包	152 白菜拌豆皮	158 豆浆滑蛋虾仁
147 绿豆芽炒豆包	153 炸豆皮海苔卷	158 豆浆烧鱼
147 姜汁豆包	153 树子蒸豆皮	158 豆浆烩白菜心
147 芹菜拌豆包	154 豆皮春卷	159 豆浆什锦锅
148 绿咖喱炒豆包丁	154 腐乳豆皮卷	160 山药豆浆锅
148 干烧豆包	155 麻辣豆皮卷	160 豆浆拉面
148 素烧豆包	155 烤素方	

PART 1

必学经典
豆腐料理

许多料理都少不了豆腐这一味，带着淡淡豆香的豆腐拿来料理，既能当主料也适合当配料，更有许多餐馆以豆腐料理作为招牌菜色。不论是将豆腐做成重口味的麻婆豆腐、最下饭的卤豆腐、香脆可口的炸豆腐，还是做豆腐锅都很合适。

※备注：1杯约等于16大匙，约等于240毫升

麻婆豆腐

材料

板豆腐2块，猪肉馅80克，蒜末1/2茶匙，高汤250毫升

调料

辣豆瓣酱、辣油、白糖各1茶匙，酱油1/2茶匙，盐1/4茶匙，水淀粉1大匙

做法

1. 板豆腐洗净擦干后，切成立方小丁备用。
2. 热锅，倒入色拉油，加入蒜末、辣豆瓣酱以炒香，再放入猪肉馅拌炒至肉色变白。
3. 加入高汤及其余调料拌匀，再放入板豆腐丁，以小火煮约3分钟后加入水淀粉勾芡即可。

备注：如无特别说明，本书中所有菜均使用色拉油烹制，材料中不再额外添加。

铁板豆腐

材料

板豆腐2块，猪肉片30克，荷兰豆6条，玉米笋3根，胡萝卜片20克，秀珍菇6片，蒜末1/2茶匙，姜末1/2茶匙，高汤150毫升

调料

蚝油2大匙，鸡精、白糖各1/2茶匙，盐1/8茶匙，水淀粉2茶匙

做法

1. 豆腐洗净切正方块，放入油锅中炸至金黄，泡入高汤内备用。
2. 玉米笋洗净切斜刀片，分别与胡萝卜片、秀珍菇放入滚水中，汆烫捞起，冲凉水备用。
3. 猪肉片加入盐及淀粉（材料外）拌匀备用。
4. 热锅，放入色拉油，加入蒜末、姜末以小火略炒，再加入猪肉片炒至变白。
5. 续加入豆腐及调料，再加入剩余材料，以中火煮至滚后勾芡，起锅盛入烧热的铁板内即可。

家常豆腐

📋 **材料**

板豆腐2块，猪肉片80克，毛豆仁20克，蒜末1/2茶匙，姜末1/2茶匙，高汤200毫升

🍶 **调料**

辣椒酱、白糖、水淀粉各1茶匙，盐1/4茶匙，酱油1/2茶匙

📖 **做法**

❶ 板豆腐洗净，切成约4厘米的方块，放入160℃的油锅中炸至表面呈金黄色后捞起沥油。

❷ 锅中留下少许色拉油，加入蒜末、姜末、辣椒酱，以小火拌炒至香气出来，再加入高汤、盐、白糖、酱油及猪肉片、毛豆仁拌炒。

❸ 最后放入板豆腐块以小火煮约3分钟后，加入水淀粉勾芡即可。

酱香豆腐

📋 **材料**

板豆腐2块，猪肉馅50克，甜豆荚50克，葱花1大匙，蒜末、姜末各1/2茶匙，高汤200毫升

🍶 **调料**

Ⓐ 辣豆瓣酱1茶匙，白糖2茶匙，盐1/8茶匙，醋2茶匙，酱油1/2茶匙
Ⓑ 水淀粉1茶匙

📖 **做法**

❶ 板豆腐洗净，平均切小方块状，放入约160℃的油锅中，炸至金黄色后捞出沥油，备用。

❷ 锅中留下少许色拉油，加入猪肉馅炒至肉色变白，再加入蒜末、姜末、葱花、辣豆瓣酱，以小火拌炒至香气溢出。

❸ 最后加入高汤、其余调料A、甜豆荚段及板豆腐，以小火煮约3分钟再加入水淀粉勾芡即可。

宫保豆腐

📋 **材料**

板豆腐2块，葱2根，蒜末1茶匙，干辣椒段2大匙，蒜香花生2大匙，花椒1茶匙，高汤50毫升

🍶 **调料**

Ⓐ 酱油1茶匙，白糖2茶匙，香醋1茶匙，酱油1/2茶匙
Ⓑ 水淀粉1茶匙

📖 **做法**

❶ 板豆腐洗净，平均切小块状，放入160℃的油锅中，炸至金黄色后捞出沥油；葱洗净切段；干辣椒段泡软沥干。

❷ 锅中留少许油，加入蒜末、干辣椒段、花椒、葱段拌炒2分钟，再加入豆腐、高汤、所有调料A拌炒均匀。

❸ 锅中放入水淀粉勾芡，再撒上蒜香花生拌匀即可。

三杯豆腐

材料
板豆腐500克，姜片15克，红辣椒片10克，罗勒叶25克

调料
酱油2大匙，素蚝油1茶匙，白糖1茶匙，香油2大匙

做法

① 板豆腐洗净，沥干后切小块，放入170℃的油锅中略炸至表面呈金黄后捞出沥油，备用。

② 热锅，倒入香油，放入姜片、红辣椒片炒至微焦香，再放入豆腐块，加入所有调料拌炒均匀。

③ 起锅前加入洗净的罗勒叶，拌炒至食材均匀入味即可。

金沙豆腐

材料
板豆腐2块，咸蛋黄4个，葱花1茶匙，蒜末1/2茶匙

调料
盐1/4茶匙，白糖1/4茶匙

做法

① 板豆腐洗净，平均切成4厘米的小方块状，放入160℃的油锅中炸至呈金黄色，捞出沥油；咸蛋黄入锅蒸熟后压成泥，备用。

② 锅中留少许油，加入咸蛋黄泥，以小火慢炒至起泡呈沙状，加入蒜末、葱花、所有调料，再放入板豆腐，以小火炒拌均匀即可。

西红柿炒豆腐

材料
西红柿2个，板豆腐1块，鸡蛋3个，葱花1大匙，高汤100毫升

调料
西红柿酱1大匙，盐1/2茶匙，白糖1.5大匙，水淀粉2茶匙

做法

① 板豆腐洗净切丁，泡热盐水后沥干；西红柿洗净切滚刀块。

② 热锅，倒入适量色拉油，鸡蛋入锅炒至略凝固盛出。

③ 续加入高汤、西红柿酱、板豆腐丁、西红柿块及白糖、盐煮滚，再加入水淀粉勾芡。

④ 最后放入鸡蛋，轻轻推匀后，撒入葱花即可。

鸡肉豆腐

材料
鸡胸肉100克，板豆腐1块，胡萝卜丁15克，青豆仁20克，姜末1/2茶匙，葱花1/2茶匙，高汤100毫升

调料
Ⓐ 盐1/2茶匙，水淀粉适量
Ⓑ 盐、香油各1茶匙，白糖、胡椒粉各1/4茶匙

做法
① 鸡胸肉洗净切末，加入调料A（水淀粉取一半）拌匀，备用。
② 板豆腐洗净，用汤匙捣成小碎块，备用。
③ 热锅，放入高汤煮滚后，加入姜末、鸡胸肉末、胡萝卜丁、青豆仁以小火煮滚。
④ 锅中加入板豆腐块、调料B（香油除外），煮约3分钟后，加入水淀粉勾芡，再淋入香油、撒上葱花即可。

罗汉豆腐

材料
蛋豆腐1盒，荷兰豆50克，干金针菇10克，鲜香菇1朵，胡萝卜10克，黑木耳丝20克，姜丝5克

调料
香菇高汤200毫升，盐1/6茶匙，白糖1/2茶匙，水淀粉1大匙，香油1大匙

做法
① 荷兰豆洗净去粗丝；干金针菇泡开水3分钟后沥干；鲜香菇及胡萝卜洗净切丝，备用。
② 蛋豆腐切厚片，放入滚水中汆烫约10秒钟后取出。
③ 锅烧热，倒入少许色拉油，以小火炒香姜丝，加入蛋豆腐外的其余材料略炒。
④ 再加入香菇高汤、盐、白糖及蛋豆腐片炒匀，加入水淀粉勾芡，最后淋入香油即可。

蟹黄豆腐

📋 材料
蟹腿肉20克，蛋豆腐1盒，胡萝卜10克，葱1根，姜10克

🧂 调料
Ⓐ 水50毫升，盐1/2茶匙，蚝油、白糖、绍兴酒各1茶匙
Ⓑ 香油1茶匙，水淀粉1茶匙

🍳 做法
1. 蛋豆腐洗净切小块；蟹腿肉和胡萝卜洗净切末；葱洗净切花；姜洗净切末，备用。
2. 热锅倒入适量色拉油，放入蛋豆腐煎至表面焦黄，取出备用。
3. 续于锅中倒入适量色拉油，放入姜末爆香，再放入胡萝卜末、蟹腿肉末炒匀。再加入调料Ⓐ及蛋豆腐块，转小火焖煮4～5分钟。最后加入水淀粉勾芡，淋入香油及葱花即可。

酱烧豆腐

📋 材料
板豆腐2块，葱20克，姜10克，红辣椒10克，黑木耳20克

🧂 调料
Ⓐ 酱油2大匙，白糖1茶匙，白胡椒粉1/4茶匙，水400毫升
Ⓑ 水淀粉1茶匙，香油1茶匙

🍳 做法
1. 板豆腐洗净、斜角对切成三角状；葱洗净切段；姜和红辣椒洗净切片，备用。
2. 热锅，倒入适量色拉油，待油热，放入豆腐块，以中大火炸至定形，捞起沥干。
3. 锅中留少许油，放入葱段、姜片、红辣椒片以中大火炒香，再放入所有调料Ⓐ、黑木耳片及炸豆腐，转中小火拌匀，待煮滚后再转小火将汤汁煮至略收干。
4. 最后倒入水淀粉勾芡，并淋入香油即可。

酥炸虾仁豆腐

📋 材料

虾米	1茶匙
虾仁	80克
板豆腐	1块
鸡蛋	1个
蛋液	2个

🧂 调料

A

盐	1/2茶匙
白糖	1/4茶匙
胡椒粉	1/4茶匙
香油	1茶匙

B

高汤	100毫升
蚝油	1茶匙
香油	1/2茶匙
水淀粉	1茶匙

C

淀粉	1大匙

🍳 做法

1. 板豆腐切去表面一层硬皮，洗净沥干；虾米泡水后捞出切末；虾仁洗净用纸巾吸干水分，以刀背拍成泥，备用。

2. 将虾仁泥中加入盐，摔打至黏稠起胶，再加入板豆腐、虾米末、其余调料A拌匀，再加入鸡蛋、淀粉拌匀成豆腐泥。

3. 准备瓷汤匙8个，抹上少许色拉油，将豆腐泥挤成球型，放入汤匙里均匀整型呈橄榄状，重复此做法至填完8个汤匙，整齐放入锅内蒸约5分钟至熟，待凉倒扣取出。

4. 热锅，加入适量色拉油，将蒸豆腐泥均匀沾裹上蛋液，放入锅内炸至两面变金黄色，即可取出沥油。

5. 将调料B煮滚后勾芡，淋在豆腐上即可。

京烧豆腐

📋 **材料**

板豆腐1块，猪肉片30克，竹笋片50克，胡萝卜片20克，鲜香菇3朵，蒜末5克，葱花10克

🍶 **调料**

味噌酱1大匙，柴鱼酱油1大匙，料酒30毫升，水200毫升

🍳 **做法**

① 板豆腐切小块；鲜香菇洗净去蒂，在表面刻花；猪肉片放入滚水中略氽烫后，捞起备用。

② 热锅，加入1大匙色拉油，放入蒜末及猪肉片以小火爆香，再加入竹笋片、胡萝卜片、鲜香菇略炒匀。

③ 锅中加入所有调料及板豆腐，以小火煮至滚沸后，续煮约10分钟，撒上葱花即可。

萝卜卤油豆腐

📋 **材料**

白萝卜350克，油豆腐200克，干辣椒段5克，葱段10克

🍶 **调料**

酱油50毫升，水1200毫升，酱油膏20克，冰糖少许，白胡椒粉少许，盐少许

🍳 **做法**

① 油豆腐洗净沥干；白萝卜去皮切块，备用。

② 热锅加入3大匙色拉油，加入干辣椒段和葱段爆香，再放入所有调料煮至滚沸。

③ 再放入白萝卜块续煮15分钟，最后加入油豆腐炖煮至入味即可。

卤豆腐

📋 **材料**

板豆腐2块，葱花1茶匙，葱1根，姜片20克，万用卤包1包

🍶 **调料**

Ⓐ 香油1茶匙

Ⓑ 酱油150毫升，白糖1大匙，料酒1茶匙，水300毫升

🍳 **做法**

① 葱花及香油调匀成葱花香油备用。

② 所有调料B混合，并放入姜片、葱及万用卤包，开大火煮滚后，转小火煮约15分钟，即为卤汤。

③ 板豆腐洗净，浸泡在热水中约5分钟，取出沥干后，放入卤锅中，不开火浸泡30分钟后捞出，淋上葱花、香油及适量卤汁即可。

豆酱烧豆腐

材料
板豆腐2块，葱花10克，红辣椒末10克

调料
客家黄豆酱1大匙，酱油1茶匙，白糖1/2茶匙，水100毫升

做法
① 板豆腐洗净切厚片状，放入热锅中，干煎至两面金黄，盛起备用。
② 所有调料和红辣椒末放入锅中，煮滚后放入煎好的豆腐，焖煮至汤汁略收干，盛起摆盘。
③ 锅中剩余的酱汁淋至豆腐上，再撒上葱花即可。

虾仁镶豆腐

材料
虾仁150克，板豆腐2块，蛋清1/2个，葱花1茶匙

调料
Ⓐ 盐1茶匙，白糖1/4茶匙，胡椒粉1/4茶匙，香油1茶匙
Ⓑ 香油1茶匙，柴鱼酱油1大匙，淀粉1茶匙

做法
① 板豆腐洗净切成8等份；虾仁洗净用纸巾吸干水分，拍成泥，备用。
② 将虾泥加入盐，摔打至黏稠，加入蛋清、淀粉、其余调料A拌匀成虾泥馅。
③ 板豆腐块中间挖取一小洞，接着将虾泥馅挤成球形，沾上适量淀粉（材料外），填入豆腐洞里，稍微捏整后放入锅内，蒸约8分钟至熟取出。
④ 食用前撒上葱花，淋上香油、柴鱼酱油即可。

客家酿豆腐

材料
A 板豆腐2块
B 猪肉馅50克，虾米2克，干香菇末（泡软）1朵，虾仁泥20克

调料
A 酱油1大匙，白糖1/2茶匙，料酒1大匙，水200毫升
B 水淀粉1茶匙

做法
① 将材料B放入容器中，放入盐（材料外）和少许水淀粉拌匀，成馅料。
② 将每块板豆腐洗净切成3块，中间挖洞，取适量馅料塞入，放入锅中略煎至金黄，捞起备用。
③ 将调料A放入锅中煮开，放入豆腐，焖煮6分钟。
④ 最后淋入剩余水淀粉勾芡即可。

咸鱼鸡粒豆腐煲

材料
咸鲭鱼肉50克，去骨鸡腿肉150克，板豆腐2块，蒜末1/2茶匙，葱花1茶匙，高汤150毫升

调料
蚝油2茶匙，白糖1/2茶匙，料酒1茶匙，胡椒粉1/4茶匙，香油1茶匙，水淀粉2茶匙

做法
① 板豆腐洗净切成小丁；去骨鸡腿肉洗净切丁，加入少许盐及淀粉腌制；咸鲭鱼肉切段。
② 热锅，放入适量色拉油，放入鸡丁，炒至肉色变白盛起；锅中续放入蒜末、咸鲭鱼段略拌炒，取出鲭鱼段切碎。
③ 锅中加入高汤、所有调料及板豆腐丁，以小火煮约3分钟，淋入水淀粉勾芡，并撒上鲭鱼碎及葱花即可。

清蒸臭豆腐

材料
臭豆腐1块，猪肉馅150克，毛豆仁80克，蒜15克，葱15克，红辣椒少许，高汤80毫升

调料
酱油2茶匙，盐1/2茶匙，白糖1/4茶匙，胡椒粉1大匙，香油1大匙

做法
① 臭豆腐洗净；蒜、葱、红辣椒洗净切末。
② 热锅，倒入适量色拉油，放入猪肉馅炒至肉色变白，再放入蒜末、毛豆仁略拌炒；加入高汤、所有调料，拌炒1分钟后淋至臭豆腐上。
③ 将臭豆腐放入锅中蒸约10分钟，取出撒上葱花、红辣椒末即可。

白菜狮子头

材料
板豆腐	150克
猪肉馅	200克
荸荠碎	50克
姜末	10克
葱末	10克
鸡蛋	1个
大白菜	400克
葱段	适量
姜丝	15克
香菜	适量

调料
A
盐	1/2茶匙
白糖	1茶匙
酱油	1大匙
料酒	1大匙
白胡椒粉	1/2茶匙
香油	1茶匙

B
水	600毫升
酱油	100毫升
白糖	1茶匙

做法
1. 板豆腐氽烫约10秒，捞起冲凉压成泥；大白菜洗净切大块。
2. 将猪肉馅加入盐后搅拌至有黏性，再加入调料A的白糖及鸡蛋拌匀，续加入荸荠碎、豆腐泥、葱末、姜末及其余调料A，拌匀后将肉馅分成4份，捏成圆球形，成狮子头。
3. 热锅，倒入200毫升的色拉油，将狮子头下锅，以中火煎炸至表面定形。
4. 取一锅，将葱段、姜丝放入锅中垫底，再依序放入煎好的狮子头及调料B；转大火，烧开后转小火煮约30分钟，再加入大白菜块，煮约15分钟至大白菜软烂，撒上香菜即可。

双菇豆腐煲

📋 材料
蟹味菇200克，香菇5朵，板豆腐250克，胡萝卜20克，竹笋40克，西蓝花80克，姜片20克

🧂 调料
素蚝油2大匙，水150毫升，白糖1茶匙，白胡椒粉1/2茶匙，水淀粉1大匙，香油1茶匙

🍳 做法
1. 所有材料洗净，蟹味菇及香菇去蒂；胡萝卜、竹笋切小片；板豆腐切厚片；西蓝花分切成小朵，备用。
2. 取一锅500毫升色拉油烧热至约180℃，放入板豆腐片大火炸至表面金黄，捞起沥干。
3. 锅底留2大匙油，爆香姜片，加入水、素蚝油、糖及白胡椒粉，放入豆腐片、做法1其余材料煮滚约3分钟，至汤汁略收后用水淀粉勾芡，洒上香油即可。

皮蛋豆腐

📋 材料
皮蛋1个，嫩豆腐1块，葱1根，柴鱼片适量

🧂 调料
酱油膏2大匙，蚝油1/2大匙，白糖1/2茶匙，香油少许，冷开水1大匙

🍳 做法
1. 将所有调料搅拌均匀成酱料备用。
2. 葱洗净切末；皮蛋放入沸水中烫熟，待凉后剥壳、剖半，备用。
3. 嫩豆腐放置冰箱中冰凉后，取出置于盘上，再放上皮蛋，淋上酱料，最后撒上葱花及柴鱼片即可。

备注：皮蛋放入沸水中汆烫，主要目的是使蛋黄部分凝固，较方便分切与食用。

海带卤油豆腐

📋 材料
海带结200克，油豆腐250克，姜片15克，红辣椒段15克，白胡椒粒少许

🧂 调料
酱油2大匙，盐少许，白糖1/4茶匙，料酒1茶匙，水350毫升

🍳 做法
1. 海带结、油豆腐洗净，放入滚水中略汆烫后捞起备用。
2. 热锅，加入适量油，加入姜片、红辣椒段爆香，再放入白胡椒粒炒香。
3. 锅中加入所有调料、海带结、油豆腐煮至滚沸，改转小火卤约15分钟即可。

香卤百叶豆腐

材料
百叶豆腐2块，香菇梗30克，姜片10克

调料
酱油80毫升，水800毫升，冰糖1/2茶匙，白胡椒粉少许，五香粉少许，香油少许，八角2粒

做法

1. 百叶豆腐洗净；香菇梗洗净、泡水至软。
2. 热锅，倒入色拉油，放入香菇梗、姜片、八角爆香，加入香油外的所有调料煮滚。
3. 锅中加入百叶豆腐，以小火慢卤25分钟，再浸泡约10分钟，捞起百叶豆腐，于表面抹上香油。
4. 食用时将百叶豆腐切片，依个人喜好加入适量酱油和少许小黄瓜丝即可。

酥炸豆腐

材料
板豆腐1块，柴鱼片少许，红辣椒1/2个

调料
山葵酱适量，酱油膏适量

做法

1. 板豆腐洗净切小块；红辣椒洗净切末，备用。
2. 将豆腐擦干，放入油温160℃的油锅中炸至表面金黄酥脆，捞起沥油备用。
3. 将炸豆腐表面剪开一个洞，塞入柴鱼片，盛盘。
4. 在炸豆腐上挤上山葵酱、酱油膏，再撒上红辣椒末即可。

美味关键　炸豆腐的油温要够高，如果不够高，表面无法快速炸至酥脆，炸豆腐就容易出水，口感就会变得湿湿软软的。

扬出豆腐

材料

板豆腐1块，白萝卜泥、海苔丝、红辣椒末、姜末各适量

调料

水200毫升，柴鱼素1/2茶匙，酱油30毫升，味醂30毫升，淀粉适量

做法

1. 板豆腐洗净沥干切成长方块，再沾上薄薄的淀粉，放入180℃油锅中炸酥备用。
2. 将所有调料混合煮开，成酱汁备用。
3. 萝卜泥、红辣椒末混合备用。
4. 将板豆腐放入碗中，从边缘淋入酱汁，再放上适量做法3的材料，上面放上姜末，最后撒上海苔丝即可。

酸辣豆腐汤

材料

Ⓐ 盒装豆腐1/2盒，猪血80克，竹笋50克，大白菜50克，猪瘦肉40克，胡萝卜40克
Ⓑ 鸡蛋1个，葱花5克

调料

高汤600毫升，盐1/2茶匙，白胡椒粉1茶匙，醋1大匙，水淀粉3大匙，香油1茶匙

做法

1. 将材料A全部切成丝，分别放入滚水中汆烫10秒钟后，捞起沥干备用。
2. 取一汤锅，倒入高汤及所有材料A，开中火煮至滚，加入盐、白胡椒粉调味。
3. 煮开后转小火用水淀粉勾芡。
4. 再关火，淋入打散的鸡蛋拌匀。
5. 最后加入香油、醋，再撒上葱花即可。

韩式海鲜豆腐锅

材料

乌贼	1/2条
鱼肉	50克
花蟹	1/2只
盒装嫩豆腐	600克
洋葱	30克
韩国泡菜	50克
白虾	4只
蛤蜊	4个
牡蛎	30克
金针菇	10克
茼蒿	少许
高汤	2000毫升

调料

蒜泥	1/2茶匙
辣椒酱	1茶匙
酱油	1茶匙
味醂	2大匙
香油	1大匙

做法

① 洋葱洗净、去皮、切丝；韩国泡菜切小块，备用。

② 乌贼洗净切花，再切成适当大小；鱼肉洗净后切片；花蟹洗净后切对半；嫩豆腐切成四方块；白虾、蛤蜊、牡蛎洗净；金针菇、茼蒿去根部洗净，备用。

③ 取一锅加热，加入香油、洋葱丝略炒，再加入韩国泡菜块炒约2分钟。

④ 将高汤加入锅中，用大火煮至滚沸后，放入其余材料，用中火续煮约3分钟；将所有调料混合调匀，淋至锅中调味，撒上葱段（材料外）即可。

红烧臭豆腐

材料
臭豆腐3块，鲜香菇3朵，葱段适量，红辣椒1个，高汤200毫升

调料
酱油2大匙，料酒1大匙，白糖1茶匙，醋1茶匙，香油1/2茶匙

做法
1. 臭豆腐洗净，切厚片；鲜香菇洗净，去蒂、切片；红辣椒洗净，去蒂及籽，切片备用。
2. 热锅，倒入适量色拉油烧热至约160℃，放入臭豆腐片，以中火油炸至表面变色，立即捞出沥油备用。
3. 锅留少许油，放入葱段、鲜香菇片和红辣椒片以小火爆香，加入所有调料炒出香味，最后加入高汤和臭豆腐片，以中火烧煮至汤汁略收干即可。

传统臭豆腐

材料
臭豆腐2块，台式泡菜1小包

调料
辣椒酱2大匙，酱油1大匙，蒜末1大匙，白糖1茶匙，冷开水1大匙，香油适量

做法
1. 臭豆腐洗净，沥干水分备用。
2. 热锅，放入约1/2锅的色拉油，烧热至约180℃时，放入臭豆腐以小火炸至外皮酥脆，捞起沥干油分，再对切成4块。
3. 将所有调料搅拌均匀，淋在臭豆腐上，食用前搭配台式泡菜即可。

美味关键 炸臭豆腐时火不可太大，慢火久炸出来的臭豆腐皮才会酥、豆腐才会香。

PART 2

人气家常
豆腐料理

许多人家中，必备的食材少不了豆腐这项。豆腐适合的烹调法相当多，不论煎、煮、炒、炸、卤、蒸都很美味，滑嫩的口感也让人吃一口就欲罢不能，豆腐既不会抢过其他食材的味道，也不会淡然无味。想做哪道豆腐家常料理？翻开本篇一次学会！

豆酱豆腐

材料
板豆腐2块，蒜末1茶匙，高汤200毫升，红辣椒末少许

调料
豆酱1大匙，白糖2茶匙，酱油膏1茶匙

做法
1. 板豆腐洗净，每块切成8等份，备用。
2. 热锅，倒入适量色拉油，放入板豆腐块煎至两面金黄，盛起沥干。
3. 锅中加入蒜末爆香，再加入高汤、调料、豆腐，以小火煮约8分钟后，撒入红辣椒末即可。

美味关键 豆腐入锅时不可太早翻动，要以中火煎至两面香脆。

煎黑胡椒豆腐

材料
板豆腐1块，葱适量，红辣椒适量

调料
粗黑胡椒粉1/2茶匙，盐1/2茶匙

做法
1. 板豆腐洗净切厚片，抹上盐；葱洗净切丝；红辣椒洗净切末。
2. 热锅，倒入少许色拉油，放入豆腐片，煎至表面金黄酥脆。
3. 撒上粗黑胡椒粉与红辣椒末，再稍煎一下，撒上葱丝即可。

美味关键 煎豆腐时火不宜过小，以防豆腐吸油导致锅底无油而煎焦豆腐。如果锅底无油，也可添加少许水。

花生豆腐

📋 **材料**
熟花生仁30克，板豆腐200克

🍲 **调料**
盐、胡椒粉、面粉、淀粉各1/4茶匙

📖 **做法**
① 熟花生仁切碎；板豆腐洗净压成泥状，沥干去除多余水分，将碎花生和豆腐泥混合，加入调料拌匀，备用。
② 将花生豆腐捏成圆饼状，备用。
③ 热锅，锅中放入少许色拉油，放入花生豆腐饼，以小火煎熟，用香菜叶装饰即可。

鸡蛋冻豆腐

📋 **材料**
鸡蛋3个，冻豆腐2块，胡椒盐适量

📖 **做法**
① 冻豆腐挤去水分，切去较硬一层表皮后，斜角对切成三角形状，备用。
② 鸡蛋打散成蛋液，将冻豆腐块放入蛋液中，轻轻浸泡挤压，使其吸收蛋液。
③ 取一平底锅，倒入适量的色拉油，放入冻豆腐，煎至两面呈金黄色再撒上胡椒盐，用香菜叶装饰即可。

豆腐松

📋 **材料**
百叶豆腐2块（约160克），新鲜香菇丁2朵，竹笋丁60克，熟胡萝卜丁40克，芹菜碎20克，花生碎20克，生菜叶6片

🍲 **调料**
酱油1大匙，水少许，盐适量，白糖适量，水淀粉适量，香油少许

📖 **做法**
① 百叶豆腐洗净切片，放入烧热的锅中，用少许色拉油煎至上色，捞起再切成小丁备用。
② 锅烧热，倒入少许色拉油，炒香香菇丁和百叶豆腐丁，再加入竹笋丁和熟胡萝卜丁同炒，再淋入所有调料炒匀。
③ 撒入中芹碎和花生碎，食用时搭配生菜叶即可。

奶酪煎豆腐

📋 材料
奶酪丝30克，板豆腐1块，香菜1棵

🍶 调料
豆浆100毫升，酱油1大匙，味醂1大匙，七味粉少许

🍳 做法
① 板豆腐洗净横切成6片；香菜洗净择取叶子；所有调料混合均匀成酱汁，备用

② 锅烧热，倒入色拉油，放入板豆腐片，以小火煎至双面金黄，再淋入酱汁，炖煮至入味。

③ 在锅中撒上奶酪丝，煮至奶酪融化，起锅前再撒上七味粉和香菜叶即可。

韭菜煎豆腐

📋 材料
韭菜50克，蛋豆腐1盒，鸡蛋1个，面粉20克

🍶 调料
盐1/8茶匙

🍳 做法
① 蛋豆腐洗净分切成6片；韭菜洗净切末，备用。

② 鸡蛋打入碗中搅散，加入盐及韭菜末搅拌均匀备用。

③ 热锅，倒入2大匙色拉油烧热，先将蛋豆腐片沾上面粉，再沾上蛋液，放入锅中以小火煎至两面呈金黄色即可。

香味芝麻豆腐

📋 材料
黑芝麻20克，白芝麻10克，板豆腐1块（约160克），蛋液适量，面粉20克

🍶 调料
酱油1大匙，味醂1/2大匙，洋葱碎20克

🍳 做法
① 板豆腐洗净切成小片状，依序沾上面粉、蛋液和芝麻，放入烧热的平底锅中，用少许色拉油两面煎至上色备用。

② 将所有调料倒入小锅中，略煮至洋葱味道出来，成酱汁。

③ 将酱汁淋在盘上，再放上芝麻豆腐即可。

回锅豆腐

材料
板豆腐2块，青辣椒30克，蒜适量

调料
韩式辣椒酱1大匙，水1/2杯，白糖1/2茶匙，盐1/2茶匙，橄榄油1茶匙

做法
1. 青辣椒洗净切块；板豆腐洗净切小块；蒜洗净切片备用。
2. 不沾锅加入橄榄油，爆香蒜片，加入板豆腐煎至金黄色。
3. 将其余调料煮至汤汁略收后，放入青辣椒片拌匀即可。

美味关键 煎豆腐的时候油温要够热，再于豆腐的表面抹上盐，煎的时候才不容易沾锅。

香煎豆腐饼

材料
板豆腐1块，胡萝卜10克，小黄瓜5克

调料
酱油1茶匙，鸡精1茶匙，白胡椒粉1茶匙

做法
1. 胡萝卜洗净去皮切丝；小黄瓜洗净切丝，备用。
2. 将板豆腐捣碎，拌入其余材料与所有调料拌匀。
3. 再将豆腐泥整形成方形的饼状。
4. 热锅，倒入少许色拉油，放入豆腐饼，以中小火煎至两面金黄酥脆即可。

咖喱蛋豆腐

🥗 材料
Ⓐ 蛋豆腐1盒，杏鲍菇100克
Ⓑ 胡萝卜30克，青辣椒20克

🧂 调料
椰浆1/2罐，红曲素食咖喱4块，白糖1茶匙，水100毫升，奶油1茶匙

🍳 做法
1. 蛋豆腐、杏鲍菇和胡萝卜均洗净沥干，切片；青辣椒洗净，切小丁备用。
2. 取锅，加入少许色拉油烧热，放入蛋豆腐和杏鲍菇煎至外观金黄，盛起备用。
3. 锅内放入材料B炒香，再加入做法2的材料和调料（奶油先不加入），以小火煮至汤汁变浓稠，起锅前再加入奶油即可。

糖醋豆腐

🥗 材料
青辣椒片适量，胡萝卜1/2个，板豆腐1块，洋葱1/4个，水淀粉少许，低筋面粉少许

🧂 调料
白糖2大匙，醋3大匙，水2大匙，西红柿酱2大匙，酱油1/2茶匙，盐少许

🍳 做法
1. 洋葱洗净切成适当大小；胡萝卜洗净去皮，切成薄片状。
2. 豆腐放入滚水中汆烫2分钟，捞起切成3厘米的方形小丁，沾裹少许低筋面粉，用180℃的油炸至表面呈金黄色。
3. 将洋葱、胡萝卜和青辣椒片过油备用。
4. 将调料混合烧热，以水淀粉勾薄芡，加入豆腐一起焖煮，起锅前放入做法3的材料略拌炒一下即可。

素麻婆豆腐

🥗 材料
嫩豆腐1盒，草菇120克，素肉丝30克，葱2根，蒜适量，红辣椒1个

🧂 调料
辣豆瓣酱1大匙，白糖少许，水200毫升，水淀粉少许，香油1茶匙

🍳 做法
1. 先将素肉丝泡软；草菇洗净对切；豆腐切小块；葱、蒜、红辣椒皆洗净切末，备用。
2. 取炒锅，倒入1大匙色拉油烧热，再加入素肉丝、红辣椒末、蒜末，以中火先爆香。
3. 续放入草菇，加入辣豆瓣酱、白糖和水拌炒均匀，待水滚后再淋入水淀粉勾薄芡；接着加入豆腐块烩煮一下，起锅前淋上香油、撒上葱末即可。

糖醋臭豆腐

📋 **材料**

臭豆腐1块（约120克），洋葱块20克，小黄瓜块20克，菠萝块25克，蒜末适量，红薯粉100克

🍶 **调料**

Ⓐ 白糖10克，醋1大匙，西红柿酱2大匙，盐适量，水少许，料酒1/2大匙，香油适量

Ⓑ 水淀粉1茶匙

🍳 **做法**

① 臭豆腐切块，沾裹红薯粉，放入热油锅中，炸至金黄后捞起备用。

② 锅烧热，倒入适量色拉油，炒香洋葱块、蒜末和小黄瓜块以及调料A拌匀。

③ 再加入炸好的臭豆腐和菠萝块拌匀，最后以水淀粉勾芡即可。

韭菜花炒豆腐丁

📋 **材料**

韭菜花150克，板豆腐2块，豆豉1茶匙，红辣椒末1/2根，蒜末1茶匙

🍶 **调料**

蚝油1茶匙，白糖1/2茶匙，酱油1/4茶匙

🍳 **做法**

① 板豆腐洗净切四方丁；热锅，倒入适量的色拉油，放入豆腐丁过油后捞起沥油。

② 锅中留少许油，放入蒜末、豆豉爆香，再加入韭菜花以大火拌炒约1分钟，续加入豆腐丁、所有调料，炒约1分钟，最后放入红辣椒末略炒即可。

素五更肠旺

📋 **材料**

面肠80克，豆腐1/2块，酸菜心20克，西芹10克，红辣椒片10克，黑木耳10克，姜片10克

🍶 **调料**

辣椒酱1大匙，酱油1茶匙，水200毫升，白糖1大匙，香油1茶匙，辣油1茶匙，水淀粉1大匙，花椒3克

🍳 **做法**

① 面肠洗净切块状；豆腐、酸菜心、黑木耳洗净切片状；西芹洗净切斜刀片状，备用。

② 热锅，将红辣椒片、姜片、花椒炒香，再加入辣椒酱、酱油、水、白糖及做法1的材料拌炒匀。

③ 锅中加入水淀粉勾芡，最后加入香油、辣油炒匀即可。

铁板牡蛎豆腐

材料
牡蛎100克，豆腐1/2盒，葱1根，蒜瓣3颗，红辣椒1/2个，洋葱5克，罗勒适量

调料
料酒1大匙，白糖1/2茶匙，香油少许，酱油膏1大匙，豆豉5克

做法
1. 牡蛎洗净后用沸水汆烫，沥干备用。
2. 豆腐洗净切小丁；葱洗净切小段；大蒜洗净切末；红辣椒切圈，备用。
3. 热锅，倒入适量的色拉油，放入葱段、蒜末及红辣椒圈炒香，再加入牡蛎、豆腐丁及所有调料轻轻拌炒均匀。
4. 洋葱洗净切丝，放入已加热的铁板上，最后将做法3的材料倒入，用罗勒叶装饰即可。

蟹肉烩豆腐

材料
冷冻蟹肉1盒，板豆腐2块，姜末1茶匙，葱末1/2茶匙，葱丝20克，高汤200毫升

调料
盐1茶匙，胡椒粉1/2茶匙，香油1茶匙，水淀粉1大匙

做法
1. 板豆腐剖半切成四方丁，泡入热盐水中3分钟，取出沥干。
2. 取锅，加入适量的水，待水滚后，放入冷冻蟹肉，以小火煮约3分钟捞出。
3. 另热锅，倒入适量色拉油，加入姜末、葱末以小火炒香。
4. 续加入高汤、所有调料、豆腐丁及蟹肉，以小火煮约3分钟，再以水淀粉勾芡，即可。

杂烩酱豆腐

📋 **材料**

百叶豆腐丁160克，竹笋丁50克，熟白萝卜丁30克，熟胡萝卜丁30克，猪肉碎60克，青豆仁20克

🫙 **调料**

甜面酱20克，豆瓣酱20克，酱油10毫升，水少许，白糖1/2大匙，料酒1/2大匙，香油少许

🍲 **做法**

❶ 锅烧热，倒入少许色拉油，炒香猪肉碎和百叶豆腐丁，再放入竹笋丁、熟萝卜丁炒匀。

❷ 再加入所有调料拌匀，最后放入青豆仁炒匀即可。

泡菜油豆腐

📋 **材料**

韩式泡菜200克，四方油豆腐1块（约120克），五花肉片120克，姜片10克，蒜片30克

🫙 **调料**

盐少许，白胡椒粉少许，水适量

🍲 **做法**

❶ 将四方油豆腐切成6小块备用。

❷ 韩式泡菜切成大块备用。

❸ 锅烧热，倒入少许色拉油，炒香姜片和蒜片，再放入五花肉片同炒。

❹ 放入泡菜块、油豆腐块和水一起焖煮，再加入少许盐和白胡椒粉调味，煮至汤汁略干即可。

辣味炒油豆腐

📋 **材料**

四角厚片油豆腐5块，葱（切段）适量，蒜片适量

🫙 **调料**

酱油2大匙，白糖1大匙，粗辣椒粉3克

🍲 **做法**

❶ 将四角厚片油豆腐入滚水氽烫去油，捞起后各切成4小块备用。

❷ 锅烧热，倒入色拉油，放入蒜片和粗辣椒粉以小火炒香，加入葱段和所有调料拌炒均匀。

❸ 续放入油豆腐块充分拌炒至入味即可。

雪里红炒百叶豆腐

材料

雪里红200克，百叶豆腐100克，猪肉丝50克，红辣椒、姜末各1大匙

调料

盐1/2茶匙，味精1/2茶匙，白糖1/2茶匙，香油1大匙

做法

1. 百叶豆腐洗净切细丁；雪里红洗净，切成细粒备用。

2. 热油锅，将肉丝及姜末、红辣椒圈炒香，放入百叶豆腐、雪里红拌炒一下，再加入所有调料（除香油外）炒至稍干时，滴入香油即可。

茄烧豆腐

材料

有机豆腐1盒，茄子1个，蒜末10克，姜末10克，红辣椒块15克，高汤100毫升，罗勒叶少许

调料

蚝油1茶匙，盐1/4茶匙，鸡精少许，白糖1/4茶匙，料酒1/2大匙

做法

1. 豆腐切块；茄子去蒂洗净，切段；罗勒叶洗净。

2. 取一油锅，将茄子段放入160℃的油锅中炸至变色且微软，捞出沥油备用。

3. 锅留余油，放入蒜末、姜末、红辣椒块以中火爆香，再放入豆腐块、茄子段和高汤煮约1分钟，最后加入所有调料和罗勒叶，以小火轻轻拌煮至入味即可。

辣炒炸豆腐

材料

板豆腐3块，玉米笋段40克，胡萝卜片30克，葱段20克，红辣椒片15克，面粉适量

调料

淡色酱油少许，辣椒酱1茶匙，盐1/4茶匙，鸡精少许，醋少许，高汤3大匙

做法

1. 板豆腐洗净，切块沾上面粉；玉米笋段和胡萝卜片略为氽烫后捞出，备用。

2. 热油锅，放入板豆腐块炸至表面香酥上色，捞出沥干油分，备用。

3. 锅留余油，放入葱段和红辣椒片爆香。

4. 加入玉米笋段、胡萝卜片、炸豆腐块以及所有调料，翻炒均匀至入味即可。

酸甜菠萝豆腐

材料
菠萝罐头1罐（小罐含汤汁），板豆腐4块，猪肉片80克，黑木耳60克，红甜椒1/3个，蒜瓣3颗，葱1根

调料
盐1/4茶匙，白糖1大匙，醋2大匙，菠萝汁2大匙，高汤100毫升，水淀粉适量，香油少许

做法
1. 除菠萝外所有材料洗净，板豆腐切块，猪肉片、黑木耳、红甜椒、菠萝、蒜切小片，葱切段，备用。
2. 热锅，放入2大匙色拉油烧热，再放入蒜片和葱段以中火爆香，放入猪肉片拌炒。
3. 放入黑木耳、红甜椒翻炒数下，再加入板豆腐块、高汤、菠萝片和菠萝汁（罐头内），以中火煮至滚沸后，加入所有调料（水淀粉、香油除外）拌匀，再以水淀粉勾芡，淋上香油即可。

豉椒炒臭豆腐

材料
豆豉10克，青辣椒块30克，红甜椒块30克，红辣椒片20克，臭豆腐2块（约240克），葱花20克，姜末5克，蒜末10克

调料
Ⓐ 酱油25毫升，水适量，料酒10毫升，白糖10克，白胡椒粉少许，香油少许
Ⓑ 水淀粉适量

做法
1. 臭豆腐切成四方块，放入热油锅中，炸至金黄后捞起备用。
2. 锅留余油，炒香蒜末、姜末和豆豉，再加入青辣椒块和红甜椒块拌炒。
3. 续加入调料A的所有材料，放入炸过的臭豆腐拌炒。
4. 再以水淀粉勾芡，淋上香油，最后撒上葱花即可。

麻婆金针菇豆腐

材料
金针菇1把，嫩豆腐1块，黑珍珠菇50克，葱花、蒜末、姜末各适量

调料
辣豆瓣酱1/2大匙，甜面酱、酱油、味醂各1大匙

做法
1. 金针姑洗净去蒂切小段；嫩豆腐切粗丁状；黑珍珠菇洗净切小段，备用。
2. 热锅，倒入适量的色拉油，放入姜末、蒜末炒香，加入所有调料煮沸。
3. 加入豆腐丁、金针菇、黑珍珠菇段烧煮入味，再撒上葱花即可。

蚝油鸡丁冻豆腐

材料
去骨鸡腿200克，冻豆腐2块，香菇2朵，洋葱60克

调料
酱油20毫升，蚝油50毫升，水200毫升，料酒15毫升，香油适量

做法
1. 所有材料洗净，香菇泡软，冻豆腐切块，鸡腿、香菇、洋葱分别切丁。
2. 锅烧热，倒入少许色拉油，放入鸡腿丁炒至上色后，续加入洋葱丁和香菇丁拌炒。
3. 再加入除香油外的所有调料煮滚后，加入冻豆腐块轻轻拌匀，最后淋上香油即可。

苦瓜炒豆腐

材料
苦瓜250克，板豆腐1块，泡发黑木耳丝30克，鸡蛋1个，蒜末10克，柴鱼片适量，红辣椒丝少许

调料
盐1/4茶匙，味醂1大匙，鸡精少许

做法
1. 苦瓜洗净去籽，刮除内侧白膜后切片，放入沸水中汆烫一下；鸡蛋打散成蛋液；板豆腐洗净切厚片，备用。
2. 热锅，倒入适量色拉油，放入蒜末、红辣椒丝爆香，加入泡发黑木耳丝、板豆腐片及苦瓜片炒匀。
3. 加入所有调料炒匀，淋上蛋液炒熟，起锅前撒上柴鱼片即可。

肉酱炒油豆腐

材料
肉酱罐头1罐，三角油豆腐300克，蒜苗1棵，红辣椒1个，蒜末10克，高汤150毫升

调料
盐少许，鸡精1/4茶匙，白糖1/4茶匙

做法
1. 三角油豆腐放入滚水中氽烫一下，捞起沥干备用。
2. 蒜苗洗净切末；红辣椒洗净切圈，备用。
3. 热锅，放入2大匙色拉油烧热，以中火爆香蒜末，再放入肉酱拌炒至香味四溢，加入三角油豆腐拌炒，再加入高汤以小火煮10分钟。
4. 最后放入蒜苗末和红辣椒圈以及所有调料，以中火炒至入味即可。

虾仁烧豆腐

材料
虾仁150克，嫩豆腐1块，小黄瓜1/2根

调料
A 蛋清1/3个，盐少许，胡椒粉少许，料酒1茶匙，淀粉1茶匙
B 高汤150克，鸡精1/2茶匙，酱油2滴
C 盐少许，胡椒粉少许，料酒1茶匙，淀粉1/2大匙，水1大匙

做法
1. 将嫩豆腐切成小块；小黄瓜搓盐后洗净，切成粗丁状。
2. 虾仁洗净沥干，与调料A腌拌均匀后备用。
3. 锅中放适量色拉油，以小火烧热，放入小黄瓜丁略炒后盛起备用。
4. 将调料B倒入锅中，加入嫩豆腐略焖煮，放入虾仁以及调料C拌匀，以适量淀粉与水调匀勾芡，再加入小黄瓜丁拌匀即可。

辣油皮蛋豆腐

材料
皮蛋1/2个，嫩豆腐1/2盒，香菇3朵，蒜适量，红辣椒1个，绿豆苗适量

调料
辣油1大匙，花椒1茶匙，香油1茶匙，盐少许，白胡椒粉少许，水适量，水淀粉适量

做法

① 皮蛋去壳，切成小块；嫩豆腐切小丁；香菇洗净切小丁；蒜和红辣椒洗净切片，备用。

② 取一炒锅，加入1大匙色拉油，再加入香菇丁、蒜片和红辣椒片，以中火爆香，续加入所有调料以中火略煮至稠状。

③ 锅中加入豆腐丁和皮蛋略煮，最后加入绿豆苗即可。

鱼香脆皮豆腐

材料
板豆腐500克，猪肉馅30克，蒜末5克，姜末5克，葱花10克

调料
鱼香酱3大匙，水1大匙，水淀粉1茶匙，香油1/2茶匙

做法

① 板豆腐洗净，切成约3厘米的立方小块。

② 热锅，倒入适量色拉油，油烧热至约180℃，将豆腐块放入炸至金黄色捞起。

③ 锅中留少许油，以小火爆香蒜末和姜末，放入猪肉馅炒至肉变白散开。加入鱼香酱和水翻炒后放入豆腐块，以小火煮约1分钟，用水淀粉勾芡，起锅前撒上葱花和香油即可。

肉酱烧豆腐

材料
肉酱罐头1罐，盒装豆腐1盒，葱花20克

调料
水2大匙，水淀粉1茶匙，香油1茶匙

做法

① 豆腐取出，稍微冲洗后切成小块备用。

② 热锅，倒入肉酱，以小火炒出香味，加入水与豆腐煮匀，最后以水淀粉勾芡并淋上香油、撒上葱花即可。

美味关键
遇到不容易吸收汤汁的材料，例如豆腐，总是越煮酱汁越咸，豆腐吃起来却还是淡淡的。这时候与其花更长时间小火慢煮，不如稍微勾点薄薄的芡汁，当汤汁较浓稠的时候就能包覆在豆腐外面，让豆腐和汤汁融合在一起。

蟹肉锅巴豆腐

材料

蟹味棒	80克
锅巴	6片
蛋豆腐块	400克
胡萝卜	1根
姜末	10克
葱花	20克

调料

高汤	200毫升
盐	1/4茶匙
白糖	1/6茶匙
白胡椒粉	1/8茶匙
水淀粉	1茶匙

做法

❶ 胡萝卜洗净去皮，用汤匙刮出碎屑约150克；蟹味棒剥碎。

❷ 热锅，放入5大匙色拉油，将胡萝卜碎屑放入锅中以微火炒约4分钟，至胡萝卜软化。

❸ 在锅中加入姜末炒香，放入高汤、蟹味棒、蛋豆腐块、盐、白糖、白胡椒粉，煮开后用水淀粉勾薄芡成蟹肉豆腐，装碗备用。

❹ 热锅，倒入约500毫升色拉油烧至约160℃，转小火，放入锅巴炸至微黄酥脆后，捞起放至深盘中。

❺ 趁热将蟹肉豆腐淋在炸锅巴上，即可食用。

酱香鲈鱼豆腐

材料
鲈鱼肉250克，蛋豆腐1盒，小黄瓜1根，黑木耳30克，蒜末1茶匙，姜末1/2茶匙，葱花2茶匙

调料
酱油2大匙，白糖1大匙，醋2茶匙，辣椒酱1大匙，淀粉1大匙，高汤300毫升

做法
1. 小黄瓜和黑木耳洗净，切丁；鲈鱼净肉加入淀粉拌匀。
2. 蛋豆腐切长方块，放入油锅中炸至呈金黄色，捞出。鲈鱼块放入锅中煎至两面金黄取出。
3. 锅中放入蒜末、姜末和辣椒酱炒香后，加入高汤、调料、豆腐块和鱼块煮5分钟，加入小黄瓜和黑木耳煮1分钟，撒上葱花即可。

南瓜蛋豆腐

材料
南瓜250克，蛋豆腐1盒，乌贼块80克，虾仁50克，鱼肉块80克，蟹肉棒3条，洋葱末3大匙，高汤600毫升，罗勒叶少许

调料
盐1.5茶匙，白糖1/2茶匙，料酒1茶匙

做法
1. 南瓜去皮，取出50克切丁，其余的蒸熟后捣成泥状。
2. 蟹肉棒斜切成2等份，和乌贼块、鱼肉块、虾仁一起放入滚水中汆烫，捞起沥干。
3. 蛋豆腐切长方块，和南瓜丁放入油锅中炸至呈金黄色，捞起沥油。
4. 锅留余油，放入洋葱末炒软，加高汤、南瓜泥、调料、蛋豆腐块、南瓜丁煮3分钟，再加做法2的材料煮5分钟，撒入罗勒叶即可。

牛肉豆腐煲

材料
牛肉120克，板豆腐块200克，红葱头末20克，姜末30克，蒜苗片40克

调料
Ⓐ 蛋清1大匙，淀粉1茶匙，酱油1茶匙，嫩肉粉1/4茶匙
Ⓑ 辣豆瓣酱2大匙，水200毫升，白糖1大匙，料酒2大匙，水淀粉2茶匙，香油1茶匙

做法
❶ 牛肉洗净切块，加入调料A抓匀，腌渍5分钟。
❷ 热油锅至180℃，放入板豆腐块炸至外观呈金黄色捞出。锅留余油，放入牛肉块，以大火快炒至变白，捞出。
❸ 锅中留少许油，加红葱头末、姜末及辣豆瓣酱爆香；续加水、白糖、料酒及板豆腐煮至滚沸后，再煮30秒后加入牛肉块及蒜苗片炒匀，最后用水淀粉勾芡，淋上香油即可。

雪花豆腐

材料
嫩豆腐1盒，鸡胸肉150克，蛋清3个，鸡汤少许

调料
盐1/2茶匙，味精1/2茶匙，淀粉1茶匙

做法
❶ 嫩豆腐切小粒；蛋清打至起泡（约5成发泡）；鸡胸肉洗净切成小粒，烫熟加入打发的蛋清中备用。
❷ 将鸡汤、盐、味精与豆腐粒下锅，一起稍煮一下，即捞起豆腐粒备用。
❸ 将鸡汤续煮至滚沸时，以淀粉调水勾薄芡，转小火，加入有鸡肉粒的蛋清，轻轻翻炒，再放入豆腐粒拌一下使其入味即可。

脆皮豆腐

材料
板豆腐1盒，西红柿酱2大匙，面粉少许

面衣
百叶豆腐、低筋面粉各150克，糯米粉30克，泡打粉1茶匙

做法
1. 板豆腐洗净，用纸巾吸干水分，切成8等份的方块状，并放入热水中浸泡约3分钟，再小心倒出沥干，备用。
2. 面衣材料拌匀后，分次加水慢慢调匀成脆浆，静置15分钟，备用。
3. 将豆腐块沾裹上面粉，再沾脆浆，放入油温约160℃的油锅中，以中火炸至豆腐表面呈金黄色后，捞出沥干。
4. 食用时蘸西红柿酱即可。

香脆蛋豆腐

材料
蛋豆腐2盒，鸡蛋2个

调料
玉米粉100克，面包粉100克

做法
1. 蛋豆腐每块分别切成12小块；鸡蛋打成蛋液；把蛋豆腐先均匀地沾裹上玉米粉，接着裹上蛋液，最后均匀地沾裹上面包粉。
2. 热一油锅，加入约400毫升色拉油，烧热至约160℃，放入少许面包粉，如果面包粉不会沉下且立刻起泡，即表示油温足够，可放入炸物下锅炸。
3. 把处理好的蛋豆腐依序放入油锅中，以中火油炸至表皮呈金黄色，捞起沥油即可。

日式炸豆腐

材料

蛋豆腐2块，低筋面粉适量，蛋液适量，柴鱼片适量，西蓝花少量

调料

日式酱油适量

做法

1. 蛋豆腐切四方块状，依序沾裹上低筋面粉、蛋液、柴鱼片，备用。
2. 热锅，倒入适量的色拉油，待油温热至约130℃，放入沾裹好的豆腐，以中小火油炸，待豆腐炸至呈金黄色即可。
3. 以西蓝花装饰，食用时可蘸取日式酱油。

柴鱼豆腐

材料

柴鱼丝1小包，蛋豆腐（或芙蓉豆腐）1盒，鸡蛋1个，玉米粉少许，葱花1大匙

调料

鲣鱼酱油2大匙，冷开水1大匙，味醂1茶匙，白萝卜泥1大匙

做法

1. 蛋豆腐切成小方块；鸡蛋打散成蛋液备用。
2. 豆腐块先沾裹一层玉米粉，再沾一层蛋液，最后均匀地裹上一层柴鱼丝。
3. 热锅，放入约1/2锅的油量，烧热至约200℃时，放入豆腐炸约1分钟即可捞起，沥干油分。
4. 酱油、味醂及冷开水调匀成酱汁，淋在柴鱼豆腐上，再撒上葱花，搭配白萝卜泥一起食用即可。

麻辣豆腐丁

材料
板豆腐2块，蒜末1/2茶匙，蒜味花生1大匙，葱花1大匙

调料
粗辣椒粉1茶匙，酱油1/2茶匙，白糖1茶匙，盐1/4茶匙

做法

1. 板豆腐洗净擦干水分，切成约3厘米的小块，放入油锅中炸至金黄色后捞出沥干，备用。

2. 锅中放入色拉油、蒜末、粗辣椒粉，以小火炒香后，加入所有调料拌炒均匀。

3. 最后，放入板豆腐块拌匀，再撒上葱花及蒜味花生略炒即可。

咖喱豆腐

材料
日式咖喱块2块，板豆腐2块，胡萝卜丁30克，洋葱1/2个，蒜末1/4茶匙，高汤300毫升，椰奶适量

调料
盐1/4茶匙，白糖1/4茶匙，水淀粉适量

做法

1. 板豆腐洗净切四方块，放入油锅中炸至呈金黄色捞起沥油；洋葱洗净切丁，备用。

2. 锅中留少许油，放入洋葱丁，以小火炒至变软，再加入蒜末略拌炒。

3. 接着加入高汤、盐、白糖、板豆腐及胡萝卜丁，以小火煮约3分钟，再放入日式咖喱块以小火煮溶，起锅前以水淀粉勾芡，加入椰奶拌匀即可。

酥炸豆腐丸

材料
板豆腐1块，蟹肉棒30克，鱼肉20克，青辣椒2个

调料
低筋面粉适量，淀粉适量，胡椒盐少许

做法

1. 板豆腐洗净入滚水中余烫1分钟，捞起沥干捏碎；青辣椒洗净去籽，切小圆片状，备用。

2. 将以上材料与蟹肉棒、弄碎的鱼肉混合拌匀，分成数等份，揉成丸子状，均匀沾上混合的低筋面粉和淀粉，再把多余的粉拍掉。

3. 起油锅，将油温加热至180℃，再放入丸子，炸至表面呈金黄色即可，食用时可蘸取少许胡椒盐。

炸芙蓉豆腐

材料
芙蓉豆腐2盒，玉米粉100克，鸡蛋2个，面包粉100克，白萝卜100克

调料
柴鱼酱油20毫升，白糖5克

做法
1. 芙蓉豆腐每块分别切成4等份；鸡蛋打散成蛋液；白萝卜磨成泥备用。
2. 将所有调料拌匀，放上白萝卜泥即成蘸酱。
3. 豆腐块依序裹上玉米粉、蛋液，最后均匀沾上一层面包粉，重复步骤至材料用毕，备用。
4. 热锅，加入400毫升色拉油烧热至约120℃时，轻轻放入豆腐炸至表皮呈金黄色，捞起沥干油分，搭配蘸酱食用即可。

酥炸豆腐肉丸

材料
板豆腐1/2块，猪肉馅60克，青豆仁10克，胡萝卜泥10克，中筋面粉3大匙，熟白芝麻适量，红薯粉适量

调料
A 盐1茶匙，鸡精1/2茶匙，香油1大匙，白胡椒粉1/2茶匙
B 七味粉适量

做法
1. 板豆腐洗净捣碎，加入猪肉馅、青豆仁、胡萝卜泥、中筋面粉及调料A拌匀。
2. 将豆腐泥整形揉成丸子状，再沾上红薯粉备用。
3. 热锅，到入稍多的油，待油温热至140℃，放入豆腐丸，炸至表面金黄酥脆。
4. 捞起豆腐丸沥油，撒上熟白芝麻及七味粉即可。

豆腐丸子

🥬 材料
板豆腐2块，猪肉馅150克，葱1茶匙，姜1茶匙，蛋液2大匙

🧂 调料
绍兴酒1茶匙，盐1/4匙，酱油1茶匙，淀粉2茶匙

🍳 做法
1. 板豆腐洗净切块，备用；猪肉馅加入盐，拌匀后摔打数下；葱、姜洗净切末，所有材料与调料一起，搅拌均匀成豆腐泥。
2. 将豆腐泥挤成一颗颗小丸状，放入160℃的油锅中，以小火炸约5分钟即可。

美味关键 调味完成的豆腐泥要加入淀粉，捏起来的丸子才比较紧实，油炸时才不易散开。

牛肉豆腐饼

🥬 材料
牛肉馅50克，板豆腐60克，洋葱（小）1/2个，马铃薯泥180克，低筋面粉、蛋液、面包粉、蛋黄酱各适量

🧂 调料
盐适量，胡椒粉适量

🍳 做法
1. 板豆腐在滚水中氽烫2分钟捞起，沥除水分，再用筛网压成泥状；将洋葱洗净切末备用。
2. 热油锅，加入洋葱末炒至香味溢出、水分收干时，放入牛肉馅炒至变色，再加入调料拌匀即可熄火。
3. 将炒好的洋葱牛肉馅与马铃薯泥、豆腐泥混合，搓成圆形饼状，再依序沾上低筋面粉、蛋液、面包粉，放入170℃油锅中炸至酥脆，即可捞起盛盘，趁热搭配蛋黄酱享用。

老皮嫩肉

材料
板豆腐3块，葱2根，姜1小段，红辣椒1个，蒜适量，罗勒叶1小把

调料
酱油膏3大匙，香油1茶匙，料酒3大匙，面粉1杯，水淀粉少许

做法
1. 板豆腐洗净切成块状，表面沾上面粉；葱洗净切段；姜、红辣椒洗净切片；蒜、罗勒叶洗净备用。
2. 起锅，倒入半锅油烧热至油温约190℃时，加入豆腐炸成外观金黄色，捞起沥油盛盘。
3. 另起锅，加入少许油烧热，放入葱段、姜片、红辣椒片和蒜，以中火慢慢爆香，再加入所有的调料拌炒，待汤汁呈浓稠状时，淋至豆腐上，以罗勒叶装饰即可。

铁板风味豆腐

材料
蛋豆腐1盒，虾仁50克，胡萝卜10克，甜豆荚50克，蒜末1/2茶匙，高汤200毫升

调料
辣豆瓣酱2茶匙，盐1/4茶匙，白糖1/匙，白胡椒粉1/4茶匙，香油1/2茶匙，水淀粉1大匙

做法
1. 蛋豆腐洗净擦干，平均切成小块状，放入160℃的油锅中，炸至金黄色后捞起沥油；甜豆荚洗净，去老筋；虾仁氽烫沥干；胡萝卜洗净切花，备用。
2. 油锅中，留下少许色拉油，加入蒜末、辣豆瓣酱，以小火拌炒均匀。
3. 加入高汤、其余调料、甜豆荚，胡萝卜、蛋豆腐及虾仁，以小火煮约3分钟，最后加入水淀粉勾芡即可。

口袋豆腐

🥗 材料

板豆腐　　　　2块
蛋清　　　　　1个
胡萝卜片　　　30克
泡发香菇片　　30克
姜末　　　　　10克
葱段　　　　　20克
烫熟上海青　　4棵

🧂 调料

A
白胡椒粉　　适量
盐　　　　　适量

B
蚝油　　　　2大匙
高汤　　　　200毫升
水淀粉　　　2茶匙
香油　　　　2茶匙

🍳 做法

1. 切除板豆腐四周硬边，以筛网筛出板豆腐泥。

2. 板豆腐泥加入白胡椒粉、盐、蛋清拌匀。

3. 用汤匙挖出板豆腐泥，在掌心塑形呈光滑扎实的蚕茧状，放入油温180℃以上的油锅中。

4. 待豆腐浮起后轻轻翻动豆腐，至表面上色呈酥黄后，捞起沥油，即为口袋豆腐备用。

5. 锅留余油，爆香姜末、葱段、胡萝卜片、泡发香菇片，倒入高汤和蚝油拌匀略煮。

6. 续加入口袋豆腐煨烧，再以水淀粉勾薄芡，滴入香油后，盛入放有烫熟上海青的盘中即可。

> **美味关键**　传统的口袋豆腐做法，是将豆腐切条后放入油锅中炸，炸完后泡碱水让豆腐内部软烂。但为了符合饮食潮流，将这道菜的做法稍作调整。

香菇蒂豆腐

材料
鲜香菇蒂50克，板豆腐2块，葱末少许

调料
酱油1/4茶匙，味酥1/2大匙，日式淀粉2大匙

做法

❶ 鲜香菇蒂洗净拉成细丝，放入油锅中以大火炸至金黄香酥，捞出沥干油分，备用。

❷ 锅留余油，豆腐沾上日式淀粉，放入油锅中以中火炸酥，捞出沥干油分，盛盘备用。

❸ 所有调料拌匀，淋至豆腐上，撒上香菇蒂酥、摆上少许葱末即可。

> **美味关键**　豆腐建议选用水分较少、不易破碎的板豆腐，油炸后也较不易变形。日式淀粉即片栗粉，质感较绵密、颜色偏白。

豆腐黄金砖

材料
板豆腐2块，猪肉馅150克，虾仁100克，蒜适量，红辣椒1/3个，姜15克，海苔粉适量

调料
酱油1茶匙，料酒1大匙，鸡精1茶匙，盐少许，白胡椒粉少许，淀粉1茶匙，蛋清1个

做法

❶ 先将板豆腐切成长宽高约5厘米的正方形块状，再将豆腐中心挖出个小洞备用。

❷ 虾仁洗净剁碎；蒜、红辣椒、姜洗净切碎。

❸ 取一个容器，放入猪肉馅、做法2的材料和所有调料混合拌匀，并摔打至有黏性备用。

❹ 取板豆腐块抹上少许的面粉，将猪肉馅塞入豆腐块中，再将豆腐块放入约180℃的油锅中，炸至表面金黄且肉熟透。

❺ 将炸好的豆腐块盛盘，撒上海苔粉、淋上适量酱油膏（材料外）即可。

香料炸豆腐

材料
意大利香料5克，蛋豆腐1块（约160克），中筋面粉30克，蛋液1粒，面包粉100克

调料
蛋黄酱80毫升，蜂蜜10毫升，芥末酱30毫升

做法
1. 将面包粉与意大利香料拌匀备用。
2. 将蛋豆腐平均切成3块正方块，依序沾上面粉、蛋液和面包粉，再放入油锅中炸至金黄，捞起摆盘备用。
3. 将所有调料调匀，最后淋至炸好的豆腐上，用圣女果、香菜叶、小豆苗装饰（材料外）即可。

炸半月豆皮饺

材料
板豆腐2块，玉米粒2大匙，豆皮5张，胡萝卜泥2大匙，面糊少许

调料
盐少许，香油1茶匙，白胡椒粉少许

做法
1. 将板豆腐以纱布拧干水分，成豆腐泥备用。
2. 将豆腐泥、玉米粒、所有调料混合，搅拌均匀成馅料备用。
3. 将豆皮裁切成圆形，放上适量馅料，再加入胡萝卜泥。
4. 将豆皮对折成三角形的饺子，以面糊封口备用。
5. 再将饺子放入油温190℃的油锅中，炸成金黄色呈酥脆状即可。

咖喱豆腐饼

材料

板豆腐 3大块
猪肉馅 200克
洋葱 1个
胡萝卜 300克

调料

A
盐 1茶匙
味精 1茶匙
白糖 1/2茶匙
香油 2大匙
胡椒粉 1茶匙
低筋面粉 5大匙

B
咖喱块 1/2盒
水 少许

做法

1. 板豆腐洗净，以滚水汆烫后，切去老皮，放凉后捣碎成泥状备用。

2. 将洋葱、胡萝卜切成细粒备用。

3. 猪肉馅与盐、味精、白糖、香油搅拌均匀，再加入豆腐泥、一半的胡萝卜粒及洋葱粒，及面粉一起搅拌均匀，以手捏成直径约4厘米的圆饼状。

4. 热锅，放入约1/2锅的色拉油量，烧热至约150℃时，放入豆腐饼以中火炸约2分钟至熟，捞起沥干油分，摆盘。

5. 另起一锅，将其余的洋葱及胡萝卜粒下锅略炒后，加入咖喱块及水烧至咖喱块完全融化时，起锅淋至豆腐饼上即可。

豆腐豆皮卷

🥗 材料
板豆腐	1块
豆皮	5张
虾仁	150克
蛋液	3大匙
胡萝卜末	1茶匙
香菜末	1茶匙
葱丝	少许
红辣椒丝	少许

🧂 调料
A
盐	1/2匙
白糖	1茶匙
胡椒粉	1/4茶匙
香油	1茶匙

B
柴鱼酱油	2大匙
淀粉	2茶匙

🍳 做法
1. 板豆腐洗净沥干；将摊开的豆皮切开，一分为四。
2. 虾仁洗净用纸巾吸干水分，拍成泥，再加入盐，摔打至黏稠起胶，加入板豆腐及剩余调料A捣碎拌匀；加入1大匙蛋液，胡萝卜末、香菜末、淀粉拌匀成豆腐泥。
3. 取适量豆腐泥放入豆皮上，包卷成长方形，均匀沾裹上剩余的蛋液，重复此做法至豆腐泥用完。
4. 热油锅，放入豆皮卷，以小火炸至两面呈金黄色后取出。
5. 将炸好的豆皮卷，放入电饭锅中蒸约10分钟，食用前淋上柴鱼酱油，放上葱丝及红辣椒丝即可。

鲜菇豆腐盒

材料

板豆腐约160克，新鲜香菇2朵，蘑菇2朵，荸荠2颗，姜末1茶匙，葱花少许

调料

Ⓐ 酱油1大匙，料酒1/2茶匙，水少许，白糖少许，白胡椒粉少许
Ⓑ 水淀粉适量

做法

❶ 将板豆腐洗净对切为二，放入热油中炸透捞起后，中间横切一刀但不切断，摊开后再挖出中间少许豆腐，成豆腐盒备用；将新鲜香菇、蘑菇和荸荠（去皮）洗净切小丁，备用。

❷ 锅烧热，倒入少许色拉油，放入姜末炒香，再加入做法2的材料略炒，再加入调料A炒匀，以水淀粉勾芡。

❸ 将酱汁淋在豆腐盒上，对折后撒下少许葱花即可。

锅塌豆腐

材料

板豆腐1块，葱3根，上海青2棵，低筋面粉适量

调料

高汤60毫升，白糖1茶匙，酱油1大匙，料酒1/2大匙，胡椒粉少许

做法

❶ 板豆腐洗净切成4块长方形，沾上低筋面粉，入油锅以中油温炸至金黄色，捞起备用。

❷ 葱洗净切花；上海青洗净，放入加有少许盐（材料外）与色拉油的滚水中汆烫一下，捞起泡入冰水中冷却，沥干备用。

❸ 热锅，倒入适量色拉油，炒香葱花后放入所有调料煮开，再加入豆腐，以小火焖煮至略收汁即可盛盘，摆上上海青装饰即可。

橙汁素排骨

材料
百叶豆腐2块（约160克），生菜2片，红辣椒块30克，青辣椒块30克，淀粉少许

调料
柳橙汁150毫升，白糖30克，柠檬汁10毫升，盐适量，水淀粉少许

做法
1. 百叶豆腐洗净，切成滚刀块状，均匀沾裹少许淀粉备用。
2. 将豆腐块放入热油锅中，炸至金黄后捞起备用。
3. 锅留少许油，炒香红辣椒块和青辣椒块，再加入所有调料和炸过的百叶豆腐烩煮，勾芡一下。
4. 取盘放上生菜，放入烩煮好的豆腐即可。

黄袍豆皮卷

材料
豆皮4张，盒装豆腐1盒，碎萝卜干80克，泡发香菇60克，竹笋丁80克，姜末10克

调料
酱油1大匙，白胡椒粉1/4茶匙，香油1茶匙

做法
1. 碎萝卜干洗净，挤干水分；香菇洗净切末。
2. 热锅加入色拉油，小火爆香姜末，加入香菇末、竹笋丁，再加入碎萝卜干炒至干香，加入调料炒匀后，成馅料，放凉。
3. 豆腐横切成厚0.5厘米的大片。
4. 豆皮切成3等份，每张均铺上1片豆腐片，加上1大匙馅料，包成春卷状。
5. 热一锅色拉油，加热至约120℃，将豆皮卷下锅炸至金黄色，即可起锅（蘸番茄酱或辣椒酱食用）。

百花豆腐球

材料

板豆腐2块，虾仁300克，葱末2大匙，姜末1大匙，鸡蛋1个

调料

盐1茶匙，味精1茶匙，白糖1/2茶匙，胡椒粉1/2茶匙，香油1大匙，淀粉2大匙，蛋清1个

做法

1. 板豆腐洗净切去老皮，放入滚水中氽烫一下，即捞起沥干并捣碎；虾仁洗净，挑去肠泥后，用刀背拍成泥状备用。

2. 将豆腐泥、蒜末、姜末、鸡蛋与虾泥一起搅拌，依序加入调料拌匀，再以手捏成适当大小的球形数个。

3. 热锅，放入约1/2锅的色拉油量，烧热至约150℃油温时，放入豆腐球炸约2分钟，捞起即可。

椒盐臭豆腐

材料

臭豆腐2块，姜末5克，蒜末10克，葱末10克，红辣椒末10克，罗勒末少许

调料

盐、鸡精各1/2茶匙，五香粉少许，白胡椒粉1茶匙

做法

1. 臭豆腐洗净，切条状，放入约160℃的热油中炸至表面变色立即捞出，转大火后再重新放入，继续炸至表面酥脆且膨胀，捞出沥油。

2. 锅留余油，放入除臭豆腐外的其余材料以小火爆香，再加入臭豆腐条拌炒均匀，最后将所有调料依序加入，续炒至香味溢出即可。

创意麻辣臭豆腐

材料

生臭豆腐3块，青辣椒1/4个，黄椒1/4个，红甜椒1/4个，鲜香菇3朵，姜适量，淀粉1茶匙

调料

辣豆瓣酱、辣豆瓣酱、辣椒酱、蚝油各1大匙，素高汤粉、白糖、香油各1茶匙，水淀粉、辣油各2大匙，素高汤2杯

做法

1. 生臭豆腐洗净切块，沾淀粉入油锅炸至金黄色；姜切末，青辣椒、红甜椒、黄椒、香菇洗净切丁备用。

2. 另起油锅，炒香姜末、香菇丁及辣豆瓣酱、辣椒酱，再下青辣椒丁、红甜椒丁、黄椒丁及其余调料（水淀粉除外）拌炒，勾芡淋在臭豆腐块上即可。

酥炸百叶豆腐

 材料
百叶豆腐400克

调料
甜辣酱4大匙

做法
1. 百叶豆腐切成厚约2厘米的片状热油锅，倒入约600毫升色拉油烧热至约180℃。
2. 将百叶豆腐片放入油锅中，以中火炸约4分钟至金黄色、表皮酥脆。
3. 捞起后沥干油，食用时蘸甜辣酱即可。

美味关键 炸豆腐时需高温快速把表皮炸至酥脆，并保证食材内的水分不流失，炸好的豆腐才能外酥里嫩。

炸绿茶豆腐

材料
抹茶粉1茶匙，板豆腐1块，酥浆粉100克，鸡蛋1个，柴鱼片1包

调料
酱油1大匙，水70毫升，胡萝卜泥适量

做法
1. 板豆腐洗净沥干，切成1.5厘米方块。
2. 将酥浆粉、鸡蛋、50毫升水和抹茶粉搅拌均匀至面糊呈现流动状，否则沾裹豆腐的浆衣会过厚。
3. 将柴鱼片倒入钢盆中捣碎备用。
4. 先将豆腐沾裹上面糊后，再放入钢盆中沾满柴鱼碎片后备用。
5. 热锅，倒入适量的色拉油烧热至180℃，放入豆腐，炸至外观呈金黄色时，捞起沥油。
6. 可搭配由酱油、20毫升水和胡萝卜泥调制成的蘸酱，更添风味。

西红柿豆皮豆腐

📋 材料
西红柿片50克，豆皮1张，豆腐1盒，罗勒叶适量，奶酪粉适量，奶酪丝适量

🍶 调料
青酱30毫升，红酱30毫升

🍳 做法
1. 豆腐洗净切成片状；豆皮切成片，二者放入滚水中汆烫后，捞起铺入焗烤容器中，再穿插放入西红柿片，并放上罗勒叶。
2. 接着淋上青酱和红酱，再撒上奶酪粉和奶酪丝，放入已预热的烤箱中，以上火250℃、下火100℃烤5～10分钟，至表面略焦黄上色即可。

西蓝花烤嫩豆腐

📋 材料
西蓝花30克，盒装豆腐1盒，奶酪丝20克

🍶 调料
茄汁肉酱2大匙

🍳 做法
1. 西蓝花洗净，切成小朵状，放入滚水中汆烫至熟，捞起沥干备用。
2. 豆腐洗净切小片，排入容器中，淋入茄汁肉酱，加入奶酪丝，放入已预热烤箱中，以上火200℃、下火150℃烤约5分钟，至表面略呈焦黄色泽取出。
3. 再将西蓝花排入即可。

酱烤豆腐

📋 材料
板豆腐200克，蒜末30克，姜末15克，葱花、红辣椒丝、葱丝各适量

🍶 调料
甜面酱1大匙，豆瓣酱1大匙，料酒1大匙，水1大匙，白糖2茶匙，香油1大匙

🍳 做法
1. 板豆腐洗净切厚块，放至锡箔纸上。
2. 蒜末、姜末及所有调料拌匀，成酱料。
3. 烤箱预热上下火200℃，板豆腐块放入烤箱中烤约5分钟，取出淋上酱料，再送入烤箱烤约5分钟至有香味，取出装盘，再撒上葱花、红辣椒丝和葱丝即可。

香烤臭豆腐

材料
Ⓐ 臭豆腐2块，香菜适量 Ⓑ 圆白菜300克，胡萝卜丝10克，姜末10克，红辣椒片10克

调料
Ⓐ 素沙茶酱1茶匙，素蚝油1大匙，酱油1茶匙，色拉油1茶匙，白糖1茶匙 Ⓑ 盐少许，白糖1/2大匙，糯米醋1/2大匙

做法
① 圆白菜洗净切丝，加入调料B的盐拌匀，待略为软化后，用手搓揉，挤干水分，加入调料B的白糖和糯米醋腌1天。

② 调料A拌匀成酱汁，香菜洗净切段。

③ 臭豆腐放入预热过的烤箱中烤3分钟，刷上做法2的酱汁，再烤2～3分钟，再刷一次酱汁，烤至膨胀上色后取出。

④ 将臭豆腐横切但不切断，放入胡萝卜丝、姜末、红辣椒片、圆白菜和香菜即可。

白菜臭豆腐

材料
圆白菜300克，臭豆腐300克，胡萝卜30克，花生粉20克，香菜适量

调料
盐1茶匙，白糖1大匙，醋1大匙，辣油1大匙

酱汁
沙茶酱1大匙，酱油膏2大匙，蚝油1大匙，白糖1/2大匙，辣油1/2大匙

做法
① 圆白菜洗净撕块，加盐腌15分钟至菜叶变软，挤出水；胡萝卜洗净切块。

② 将圆白菜、胡萝卜和所有调料拌匀。

③ 臭豆腐从中间切开，刷上拌匀的调味酱汁，以200℃烤约10分钟，中途翻面再刷上酱汁，烤至上色。取出臭豆腐，中间放入做法2的材料、花生粉、香菜即可。

培根焗豆腐

材料

培根段50克，板豆腐1块，奶油30克，蒜末适量，低筋面粉20克，豆浆200毫升，奶酪丝20克

调料

盐少许，白胡椒粉少许

做法

1. 板豆腐洗净吸干水分，切成4片，用平底锅干煎至双面上色备用。
2. 热锅，将奶油融化后，炒香蒜末与培根，加入低筋面粉以小火拌炒，再分次倒入豆浆，搅拌至面糊呈黏稠时，加入调料即可。
3. 烤盘中放入豆腐，淋上做法2的面糊，撒上奶酪丝，放入已预热的烤箱以220℃烤至表面上色，食用前可撒上少许海苔粉（材料外）。

沙茶百叶豆腐

材料

百叶豆腐400克，蒜末10克

调料

酱油膏2大匙，沙茶酱2大匙，白糖2茶匙，料酒1大匙，香油1茶匙

做法

1. 百叶豆腐洗净切厚片，用刀在两面划刀；蒜末及所有调料拌匀成酱料。
2. 烤箱预热上下火220℃，将豆腐片平铺于烤盘上，送入烤箱烤约5分钟，翻面再烤约5分钟至两面微焦香。
3. 取出后涂上酱料，放入烤箱烤约2分钟至有香味，取出装盘即可。

西红柿焗烤豆腐

材料

挖空的大西红柿1个，豆腐泥30克，奶酪丝20克，青豆仁末5克

调料

动物性鲜奶油10克

做法

1. 豆腐泥、青豆仁末、动物性鲜奶油拌匀，填入挖空的大西红柿内，再撒上奶酪丝。
2. 将食材放入烤箱中，以上火200℃、下火150℃烤约2分钟，烤至表面呈金黄色即可。

豆瓣酱烤豆腐

材料
板豆腐200克，蒜末10克，姜末10克，葱丝适量，泡发香菇丁40克，红辣椒丝适量

调料
蚝油1大匙，辣豆瓣酱1大匙，料酒1大匙，水1大匙，白糖2茶匙，香油1大匙

做法
1. 板豆腐洗净切片后放至锡箔纸上，备用。
2. 蒜末、姜末、香菇丁及所有调料拌匀成酱料。
3. 烤箱预热上下火200℃，将豆腐片送入烤箱烤约5分钟。
4. 取出后淋上酱料，再送入烤箱烤约5分钟至有香味，取出放上红辣椒丝、葱丝装盘即可。

味噌豆腐

材料
板豆腐1块，白芝麻少许

调料
白味噌50毫升，蛋黄1个，芝麻酱1大匙，白糖1大匙，味醂1大匙，料酒1大匙

做法
1. 用重物将豆腐充分沥干水分（可用豆腐盒加水作为重石）备用。
2. 将豆腐切成1.5厘米厚片，放入烤箱以180℃烤除多余水分，再取出用竹签串成一串。
3. 将调料以隔水加热方式混合，并且不时搅拌，煮至收干水分，呈光滑细稠状为止。
4. 将豆腐涂上酱料，撒上少许白芝麻，再放回烤箱略烤一下即完成。

海鲜焗豆腐

材料
蟹腿肉100克,虾仁10只,乌贼100克,豆腐1块,白酒1大匙,洋葱1/4个,奶油丁1大匙,奶酪丝50克

做法
1. 蟹腿肉切小丁;虾仁洗净,挑除肠泥后切小丁;乌贼洗净,先斜切十字纹再切小块,分别以白酒腌10分钟,备用。
2. 洋葱洗净切小丁;豆腐放入热盐水中浸泡10分钟,取出切小丁。
3. 烤箱预热至200℃,将洋葱丁、奶油丁放入烤箱烤3分钟取出。
4. 将虾仁、豆腐丁、蟹腿肉、乌贼放入拌匀,倒入焗烤盘中,撒上奶酪丝,烤约12分钟即可。

竹笋干焢豆腐

材料
五花肉400克,竹笋干150克,油豆腐10块,姜30克,红辣椒2个

调料
料酒50毫升,白糖1大匙,酱油4大匙,水1000毫升

做法
1. 竹笋干泡水约30分钟,放入滚水中氽烫约5分钟后,捞出用冷水洗净,沥干后切段;油豆腐洗净沥干,备用;姜、红辣椒洗净拍裂备用;五花肉洗净切块,放入滚水中氽烫约2分钟,捞出洗净备用。
2. 取锅烧热后,倒入适量色拉油,以小火爆香姜和红辣椒,再加入五花肉块翻炒至表面微焦。
3. 汤锅中加1000毫升水,加竹笋干、油豆腐、料酒、酱油、白糖,以大火煮开,改小火续煮至五花肉熟软即可。

油葱酥卤油豆腐

📋 **材料**

油葱酥25克，三角油豆腐600克，葱段10克，葱花适量，水500毫升

🍶 **调料**

酱油30毫升，酱油膏30克，盐1/4茶匙，白糖1/4茶匙

📖 **做法**

1. 三角油豆腐放入滚沸的水中略为氽烫，捞出沥干水分，备用。
2. 热锅，倒入2大匙色拉油，放入葱段爆香，再加入所有调料及水调匀。
3. 放入三角油豆腐及油葱酥煮至汤汁滚沸，改转小火续卤约15分钟，起锅前撒上葱花即可。

海带卤油豆腐

📋 **材料**

海带结200克，三角油豆腐250克，姜片15克，红辣椒段15克，白胡椒粒少许，水350毫升

🍶 **调料**

酱油2大匙，酱油膏1/2大匙，盐少许，白糖1/4茶匙

📖 **做法**

1. 海带结、三角油豆腐洗净，放入滚水中略氽烫后捞起备用。
2. 热锅，加入适量色拉油，加入姜片、红辣椒段爆香，再放入白胡椒粒炒香。
3. 再加入调料、海带结、油豆腐和水煮至滚沸，转小火卤约15分钟即可。

味噌烧油豆腐

📋 **材料**

四角油豆腐300克，磨碎白芝麻1大匙

🍶 **调料**

水200毫升，红味噌20毫升，白糖1茶匙，料酒30毫升，味酥36毫升，辣椒酱1/2茶匙

📖 **做法**

1. 将所有调料混合煮匀成酱汁备用。
2. 四角油豆腐氽烫去油备用。
3. 将四角油豆腐放入酱汁中煮开，转小火炖煮约15分钟，煮至汤汁变浓稠，盛盘后撒上磨碎白芝麻即可。

五花肉烧油豆腐

材料
高汤	1000毫升
五花肉	600克
三角油豆腐	8块
蒜瓣	7颗
葱段	适量
红辣椒	1个

调料
盐	1/2茶匙
酱油	3大匙
冰糖	2大匙
糖色	1大匙
料酒	2大匙
八角	3粒

糖色

材料： 白糖300克，水300毫升

做法： 将白糖放入锅中以小火炒至金红色，待糖液煮至冒泡时再加入水炒匀即可。

做法
1. 高汤放入锅中煮滚，加入所有调料及八角煮匀成卤汁。
2. 五花肉洗净切块；三角油豆腐放入滚水中余烫过油，捞起。
3. 热锅，加入1大匙色拉油，加入蒜瓣、葱段及红辣椒炒香，加入五花肉块炒香，再加入油豆腐和卤汁。
4. 以大火煮滚，改转小火盖上锅盖，炖约30分钟即可。

卤油豆腐

材料
油豆腐3块，鱼丸5个，卤汁600毫升，水200毫升

做法
1. 油豆腐、鱼丸放入滚水中略汆烫后，捞起沥干备用。
2. 将卤汁和水倒入锅中煮沸后，放入做法1的材料煮至再次沸腾，转小火煮至入味即可。

卤汁

材料： 葱2根，姜3片，蒜瓣5颗，红辣椒1个

调料： 酱油100毫升，冰糖2大匙，料酒30毫升，万用卤包1个

做法： 所有材料都洗净，葱切段、姜切片、蒜拍裂、红辣椒去蒂头纵切。热锅倒入2大匙色拉油，爆香以上材料，加调料炒香，加水煮沸即可。

猪肉炒油豆腐

材料
猪肉薄片100克，油豆腐1块（约120克），青葱丝20克，红辣椒丝10克

调料
酱油50毫升，味醂20毫升，白糖5克，水适量

做法
1. 将油豆腐切成大小适中的方块备用。
2. 锅烧热，倒入少许色拉油，炒香猪肉薄片和油豆腐块。
3. 再加入所有调料略煮，让油豆腐充分吸入味。
4. 最后放上葱丝和红辣椒丝装饰即可。

红白豆腐

材料
鸭血1块，嫩豆腐1盒，猪肉馅100克，姜末1大匙，蒜末1大匙，葱花2大匙

调料
辣椒酱2大匙，酱油1大匙，白糖1茶匙，淀粉适量，香油1大匙，花椒粉1茶匙

做法
① 嫩豆腐切丁；鸭血洗净切丁后，以滚水汆烫一下即捞起备用。
② 热油锅，将猪肉馅及姜末、蒜末、辣椒酱略微煸炒后，放入酱油、白糖、少许水及豆腐、鸭血以小火略烧1分钟，再以淀粉调水勾薄芡，起锅前洒上香油、葱花及花椒粉即可。

黑豆卤油豆腐

材料
黑豆30克，油豆腐2块，蒜苗丝2克，蒜5克

调料
味醂2大匙，水300毫升，柴鱼酱油1茶匙

做法
① 黑豆泡水约1小时，捞出沥干；四方油豆腐每块分切成4小块备用。
② 将所有调料放入锅中，加入黑豆、油豆腐块和蒜，以小火卤煮约20分钟后盛盘，再撒上蒜苗丝即可。

肉末烧豆腐

材料
猪肉馅120克，板豆腐3大块，水200毫升，姜末、蒜末、红辣椒末，葱花各10克

调料
白糖少许，盐1/4茶匙，酱油40毫升，水淀粉适量

做法
① 板豆腐洗净切厚片，放入有少许色拉油的锅中煎至表面微焦，取出。
② 锅留余油，放入姜末、蒜末、红辣椒末及一半的葱花爆香。再加入猪肉馅炒至颜色变白，加入所有调料、水及板豆腐片烧至入味，最后以水淀粉勾芡后，撒入葱花即可。

辣焖豆腐

材料
红辣椒1个，板豆腐1块，葱2根

调料
酱油1大匙，鸡精、白糖各1/2茶匙，水400毫升

做法

1. 板豆腐洗净切厚片；红辣椒、葱洗净切段，备用。

2. 热锅，倒入少许色拉油，放入豆腐片煎至两面金黄。

3. 加入葱段、红辣椒段及所有调料煮至沸腾。

4. 盖上锅盖转小火，焖煮至汤汁略干，撒上少许红辣椒末（材料外）即可。

酱烧油豆腐镶肉

材料
三角油豆腐6个，猪肉馅50克，青豆仁5克，玉米粒5克，红甜椒丁5克，柴鱼片适量

调料
酱油1大匙，鸡精、白糖各1/2茶匙，水300毫升

腌料
盐1/2茶匙，香油1茶匙

做法

1. 猪肉馅加入所有腌料、青豆仁、玉米粒及红椒丁拌匀成馅料备用。

2. 油豆腐剪开一个开口，塞入馅料。

3. 将油豆腐放入锅中，加入所有调料烧至入味。

4. 起锅撒上柴鱼片即可。

红烧素丸子

材料
板豆腐	2块
荸荠	10颗
红辣椒	15克
姜	15克
鲜香菇梗	20克
上海青	适量
水	400毫升

调料
A
酱油膏	1/2大匙
白糖	少许
白胡椒粉	少许
香油	1/4茶匙
淀粉	2大匙

B
素蚝油	1/2大匙
酱油	1/2大匙
盐	1/4茶匙
白糖	少许
水淀粉	少许

做法
1. 板豆腐上抹少许盐（材料外），放入电锅中，于外锅加入1/4杯水，按下开关，蒸至开关跳起，放凉后将多余水分挤压出。
2. 荸荠去皮、拍扁后切碎；红辣椒洗净切段；姜洗净切片；鲜香菇梗洗净切碎；上海青洗净沥干，备用。
3. 将豆腐泥、荸荠碎、鲜香菇梗碎和所有调料A拌匀，捏整成丸子状，再放入油锅中炸至表面呈金黄色后，捞出即为素丸子。
4. 热锅，加入少许橄榄油（材料外），爆香红辣椒段和姜片，再加入调料B（水淀粉暂不加）和水煮滚，放入素丸子烧煮入味，再放入上海青略煮，最后以水淀粉勾芡即可。

红烧豆腐

材料
板豆腐500克，猪肉丝80克，葱丝10克，姜丝10克，红辣椒丝5克

调料
酱油3大匙，白糖1/4茶匙，高汤100毫升，香油1/2茶匙

做法
1. 板豆腐洗净切成厚1.5厘米的厚片；热锅加入约1大匙色拉油，将豆腐片煎至两面焦黄，起锅备用。
2. 热锅加入1大匙色拉油，以小火爆香姜丝及红辣椒丝，放入猪肉丝炒至肉散开，加入酱油、高汤、白糖。
3. 加入豆腐以小火煮约2分钟至汤汁略收，加入葱丝及香油即可。

红烧蛋豆腐

材料
蛋豆腐1盒，干香菇2朵，熟竹笋丝25克，胡萝卜丝20克，葱段10克

调料
酱油1大匙，酱油膏1茶匙，白糖1/4茶匙，盐少许，水150毫升

做法
1. 蛋豆腐切大片；干香菇泡软切丝备用。
2. 热锅，放入1大匙色拉油，爆香葱段，加入香菇丝、胡萝卜丝以中火炒香，再加入熟竹笋丝、所有调料炒匀。
3. 最后放入蛋豆腐煮至入味即可。

梅菜烧冻豆腐

材料
梅干菜60克，冻豆腐2块（约120克），红辣椒1个，葱段适量，猪肉馅50克

调料
酱油50毫升，料酒30毫升，水200毫升

做法
1. 冻豆腐洗净切块；梅干菜洗净，挤干水分切碎；红辣椒洗净切片，备用。
2. 锅烧热，倒入1大匙色拉油，炒香猪肉馅，放入青葱段和梅干菜拌炒。
3. 再加入所有调料和冻豆腐烧约5分钟，最后加入红辣椒片即可。

姜汁烧豆腐

材料
家常豆腐1块，低筋面粉适量，姜末适量，豆苗适量

调料
酱油1.5大匙，白糖1大匙

做法
1. 将所有调料（姜末除外）混合后，再放入少许姜末，即成酱汁；豆苗洗净氽烫至熟备用。
2. 将豆腐切成4片，沾裹一层低筋面粉。
3. 平底锅中倒入适量色拉油以中火烧热，将豆腐两面煎至稍为上色，再将酱汁淋入，煮至略收汁即盛盘，摆上豆苗、剩余姜末装饰即可。

沙茶鸡肉油豆腐

材料
鸡腿300克，油豆腐200克，干香菇6朵，蒜末1/2茶匙，葱花1/2茶匙

调料
沙茶酱1/2大匙，酱油1/2茶匙，白糖1/4茶匙，料酒1大匙，高汤300毫升

做法
1. 鸡腿洗净切块，放入滚水中氽烫去血水，捞起冲水洗净备用。
2. 油豆腐放入滚水中氽烫一下，捞起备用。
3. 干香菇泡温水后捞起。
4. 取锅炒香蒜末，放入炖锅中，再加入鸡腿块、油豆腐、干香菇和所有调料，以小火炖煮约10分钟，最后撒上葱花即可。

红烧鱼豆腐

材料

鲜鱼1条，板豆腐2块，葱段适量，红辣椒片适量，面粉适量，蒜片10克，姜片10克

调料

酱油2大匙，冰糖1茶匙，料酒1大匙，水200毫升，醋1/2大匙，盐少许

做法

① 鲜鱼洗净沥干，抹上少许盐（材料外）和少许料酒，腌10分钟；板豆腐洗净切小片。

② 热锅，加入适量色拉油，放入板豆腐片，以中火煎至两面上色，取出。

③ 取鲜鱼抹上面粉，放入热锅中煎至两面上色取出。

④ 锅中放入蒜片、姜片、葱段和红辣椒片，以中火爆香，再加入酱油、冰糖、剩余料酒和水，续入鲜鱼与板豆腐片，以中火煮至滚沸后加入醋，以小火煮至入味即可。

红烧豆芽豆腐

材料

绿豆芽10克，板豆腐1块，葱、蒜、胡萝卜各5克

调料

盐1茶匙，白糖1/2茶匙，鸡精1/2茶匙，水100毫升

做法

① 板豆腐洗净切条状；葱洗净切段；蒜洗净切末；胡萝卜去皮切片，备用。

② 热锅，倒入少量色拉油，放入板豆腐，煎至表面金黄，盛起备用。

③ 锅中再加入少量的色拉油，放入蒜末、葱段爆香。

④ 再放入胡萝卜片、板豆腐与所有调料，烧至入味，撒上洗净的绿豆芽即可。

麻婆红白豆腐

材料
冻豆腐1/2包，鸭血1/2个，蒜2瓣，葱1根，猪肉馅50克

调料
辣椒酱1茶匙，酱油膏1茶匙，水适量，白糖1茶匙，水淀粉1大匙

做法
1. 蒜去皮切末；葱洗净切花；冻豆腐、鸭血洗净切丁，备用。
2. 取一锅，加入少许色拉油烧热，放入蒜末爆香，加入猪肉馅炒熟。
3. 再加入所有调料煮沸，放入冻豆腐丁及鸭血丁略煮3分钟。
4. 加入水淀粉勾芡，起锅前撒入葱花即可。

五花肉烧冻豆腐

材料
五花肉200克，冻豆腐2块（约120克），胡萝卜120克，姜片10克，蒜片、葱段、红辣椒段各适量

调料
酱油120毫升，料酒20毫升，白糖10克，白胡椒粉少许，水250毫升

做法
1. 将冻豆腐和胡萝卜洗净切块；五花肉洗净切小条备用。
2. 锅烧热，倒入1大匙色拉油，爆香蒜片、姜片、葱段和红辣椒段，再加入五花肉条炒至上色。
3. 续加入所有调料以小火煮约30分钟，再加入胡萝卜块煮约10分钟。
4. 最后加入冻豆腐块煮至汤汁收干即可。

莲藕煮百叶豆腐

材料

莲藕300克，百叶豆腐1条，姜片20克

调料

辣豆瓣酱3大匙，酱油3大匙，白糖2茶匙，水300毫升

做法

① 莲藕去皮切小块；百叶豆腐洗净切厚片，备用。

② 热锅，倒入少许色拉油烧热，放入姜片及辣豆瓣酱以小火爆香，再加入酱油、白糖及水煮滚。

③ 加入莲藕块及百叶豆腐片，盖上锅盖，转小火煮约20分钟，至莲藕透软即可起锅。

梅子烧豆腐

材料

梅子10粒，百叶豆腐1条，梅花肉200克，葱2根，姜片10克，高汤200毫升

调料

酱油1大匙，素蚝油1茶匙，白糖1/2茶匙，料酒1大匙，梅子汁1大匙

做法

① 百叶豆腐洗净切块；梅花肉洗净切块；青葱洗净切段，备用。

② 热锅，放入2大匙色拉油烧热，将姜片、葱段以中火爆香，再放入梅花肉块炒至颜色变白，加入百叶豆腐块和梅子拌炒数下。

③ 倒入高汤和所有调料轻轻拌炒均匀，以小火煮至入味且汤汁微干即可。

香椿酱烧百叶

材料

香椿芽1大匙，百叶豆腐250克，姜10克，红辣椒5克

调料

酱油膏1大匙，盐少许，白糖少许，水100毫升

做法

① 先将百叶豆腐洗净切块；香椿芽、姜和红辣椒洗净切末，备用。

② 热锅，加入2大匙香油（材料外），放入百叶豆腐块，煎至微焦后盛起。

③ 热锅，加入姜末和红辣椒末炒香，再加入香椿芽末、百叶豆腐、所有调料，烧煮至入味即可。

咖喱百叶豆腐

材料
百叶豆腐200克，胡萝卜100克，马铃薯200克，姜5克

调料
咖喱粉1大匙，盐1/2茶匙，白糖1/4茶匙，高鲜味精少许，水600毫升，椰浆1大匙，水淀粉适量

做法
1. 百叶豆腐洗净切块；胡萝卜、马铃薯洗净去皮切块；姜洗净切末，备用。
2. 热油锅至油温约160℃，放入百叶豆腐块油炸约1分钟，捞出沥油备用。
3. 另热一锅，倒入少许葵花籽油，爆香姜末，放入咖喱粉炒香，再放入马铃薯块、胡萝卜块煮约15分钟，接着放入百叶豆腐块和盐、白糖、高鲜味精、水煮至入味。
4. 倒入椰浆拌匀，最后倒入水淀粉勾芡即可。

红烧猴头菇百叶

材料
A 百叶豆腐1块，胡萝卜片3片，猴头菇3朵，玉米粉1大匙，红薯粉2大匙，姜3片 B 鸡蛋1/2个，咖喱粉、盐、白糖各1/2茶匙，色拉油1茶匙

调料
沙茶酱、蚝油各1大匙，水适量

做法
1. 百叶豆腐洗净切块；姜洗净切末备用。
2. 猴头菇洗净泡软，撕成3~4厘米的块状，挤干水分，加入材料B抓匀；先后沾裹玉米粉和红薯粉，放入180℃的热油锅中，以大火炸至表面呈金黄色时，捞出沥油备用。
3. 锅留余油，爆香姜末，放入所有材料和调料，以小火烧至入味即可。

备注：素食者可将调料换成素沙茶酱与素蚝油。

福菜卤百叶豆腐

🍲 材料
福菜100克，百叶豆腐500克，五花肉丝100克，蒜末10克，姜末10克

🥣 调料
酱油2大匙，白糖1茶匙，料酒1大匙，水700毫升

🍳 做法
❶ 福菜泡软、洗净、切段；百叶豆腐洗净切片。

❷ 热锅加入3大匙色拉油，加入蒜末、姜末爆香，放入五花肉丝炒至变色。

❸ 加入福菜炒香，加入调料（水先不加入）炒匀，加水煮滚，盖上锅盖，以小火卤30分钟，再加入百叶豆腐煮至软烂入味即可。

蒜烧臭豆腐

🍲 材料
臭豆腐2块（约240克），猪肉馅60克，蒜5瓣，青蒜1根，红辣椒1个

🥣 调料
Ⓐ 酱油50毫升，水200毫升，白糖10克，醋20毫升，盐适量，白胡椒粉适量 Ⓑ 香油少许，水淀粉少许

🍳 做法
❶ 臭豆腐切成四块；青蒜和红辣椒洗净切斜段；蒜去皮切厚片备用。

❷ 锅烧热，倒入1大匙色拉油，炒香蒜片，加入猪肉馅拌炒。

❸ 加入调料A后，放入臭豆腐块煮滚，转小火烧约10分钟。

❹ 最后撒入青蒜段和红辣椒段，再以水淀粉勾芡，淋上香油即可。

蚝油百叶豆腐

材料
百叶豆腐1块，芥菜150克，姜1小块，高汤150毫升

调料
蚝油1大匙，鸡精1/4茶匙，白糖少许，料酒1/2大匙，盐少许

做法
1. 百叶豆腐洗净切片；芥菜挑去老茎，留嫩叶部分洗净；姜洗净切末，备用。
2. 芥菜放入加有少许盐和色拉油的沸水中汆烫，待熟后泡冰水至凉，捞出沥干排盘，备用。
3. 热锅，放入2大匙色拉油烧热，放入姜末以中火爆香，再放入百叶豆腐片以小火煎至定型再翻面，倒入高汤及其余调料以中火煮至滚沸，转小火续煮至汤汁微干即起锅，排入盘中即可。

豆瓣蒸豆腐

材料
板豆腐500克，猪肉馅60克，姜末10克，红辣椒末5克，葱花15克

调料
豆瓣酱2大匙，料酒1大匙，白糖1茶匙，香油1茶匙

做法
1. 板豆腐洗净切厚片盛盘备用。
2. 猪肉馅、姜末、红辣椒末和所有调料，拌匀成酱汁。
3. 将酱汁淋至豆腐上，盖上保鲜膜，放入水已煮滚的蒸笼中，用大火蒸约15分钟，蒸好后取出，撒上葱花即可。

福菜焖臭豆腐

材料
福菜80克，小块臭豆腐300克，炸好的苦瓜1/2个，姜末10克，蒜末10克，高汤350毫升

调料
酱油1/2大匙，鸡精1/4茶匙，白糖1/2茶匙

做法
1. 福菜洗净沥干水分，切成小段；臭豆腐洗净，沥干水分备用。
2. 锅中倒入1大匙色拉油烧热，放入姜末、蒜末以小火爆香，再加入福菜续炒出香味。
3. 将高汤倒入，转中火煮至滚沸，放入炸好的苦瓜，再加入臭豆腐和所有调料，焖煮至汤汁略收干且充分入味即可。

豆酱蒸豆腐

材料
嫩豆腐2块（约200克），姜10克，红辣椒10克，
猪肉馅40克，香菜叶适量

调料
黄豆酱2茶匙

做法
1. 嫩豆腐洗净摆入蒸盘中；姜、红辣椒洗净切末，放在豆腐上，备用。
2. 猪肉馅和黄豆酱拌匀，放在豆腐上。
3. 取一炒锅，加入适量水，放上蒸架，将水煮至滚。
4. 将蒸盘放在蒸架上，盖上锅盖以大火蒸约10分钟，再撒上适量香菜叶即可。

备注：黄豆酱做法为将黄豆酱100克、白糖2大匙、料酒2大匙、酱油1大匙一起拌匀，煮至滚沸即可。

蛋黄肉豆腐

材料
生咸蛋黄4个，猪肉馅200克，板豆腐200克，
姜末5克，葱花10克

调料
辣豆瓣酱3大匙，酱油1大匙，白糖1大匙，白胡椒粉1/2茶匙，淀粉2大匙，香油1大匙

做法
1. 将生咸蛋黄用刀背拍成圆片备用。
2. 猪肉馅、姜末、葱花放入容器中，加入辣豆瓣酱、酱油和白糖后，顺着同一方向搅拌至猪肉馅出筋有黏性。
3. 加入捏碎的板豆腐，再加入其余调料拌匀。
4. 取4个小碗在内面抹色拉油，将咸蛋黄片铺至碗底，放入做法3的材料，放入蒸笼内以中火蒸约15分钟后取出倒扣即可。

西红柿肉片豆腐

材料
西红柿100克，猪肉片60克，板豆腐200克，葱丝适量

调料
西红柿酱1大匙，盐1/4茶匙，白糖1/2茶匙

做法

1. 板豆腐洗净切丁，将豆腐丁氽烫约10秒后，沥干装盘备用。
2. 西红柿洗净切片与猪肉片及所有调料拌匀，淋至豆腐丁上。
3. 电饭锅外锅倒入1/2杯水，放入盘子，盖上锅盖，按下开关，蒸至开关跳起后，撒上葱丝即可。

豆酥酱豆腐

材料
蛋豆腐1盒，豆酥5大匙，葱花1大匙，蒜末1茶匙

调料
辣椒酱1茶匙，白糖1.5茶匙

做法

1. 蛋豆腐分切成8等份的方块状，盛入盘中，接着放入电饭锅内蒸约5分钟。
2. 取锅，加入3大匙色拉油，先放入豆酥以小火炒约1分钟，再放入蒜末炒2分钟，接着加入调料炒匀，加入葱花略拌匀。
3. 淋至豆腐上即可。

酸辣蒸豆腐

材料
Ⓐ 板豆腐2块，葱末10克 Ⓑ 蒜末15克，红辣椒末15克，洋葱末15克

调料
辣椒酱少许，白糖1茶匙，梅子醋1/2大匙，鲣鱼酱油1/2大匙

做法

1. 板豆腐洗净抹上少许盐（材料外）后，放入蒸盘备用。
2. 所有材料B加入调料拌匀成淋酱备用。
3. 取淋酱淋在板豆腐上，放入水已滚沸的蒸笼蒸10分钟，取出撒上葱末即可。

银鱼豉油豆腐

材料
银鱼50克，板豆腐2块，葱花1大匙

调料
鲣鱼酱油、香油、凉开水各1大匙，白糖1/2茶匙

做法
1. 板豆腐洗净擦干，用刀切去表面的一层硬皮备用。
2. 银鱼洗净沥干，放入160℃的油锅中，炸至表面呈酥脆状后，捞起沥干。
3. 将板豆腐放入蒸锅中，蒸约3分钟后，倒出沥干水分；将银鱼、葱花，依序放至板豆腐上，并淋上拌匀的调料即可。

肉馅豆腐紫菜卷

材料
Ⓐ 猪肉馅180克，板豆腐1块（约160克），鸡蛋1个，胡萝卜碎50克，新鲜香菇碎30克 Ⓑ 紫菜2大张

调料
盐适量，白胡椒粉适量，甜辣酱适量

做法
1. 将材料A放入容器中拌匀，再加入盐和白胡椒粉混匀，成馅备用。
2. 将紫菜片摊平，取适量的绞肉豆腐馅铺成长条，用紫菜包起卷成长条形，再用保鲜膜卷起整形。
3. 将紫菜卷放入蒸锅中，蒸约15分钟，取出放冷后切片。食用时搭配甜辣酱即可。

咸冬瓜蒸豆腐

材料
板豆腐200克，猪肉丝60克，葱丝10克，红辣椒丝适量

调料
咸冬瓜酱100克，酱油膏1茶匙，白糖1/2茶匙，料酒1茶匙

做法
1. 板豆腐洗净切小方块后，放入沸水中氽烫约10秒后沥干装盘；所有调料拌匀成酱汁，备用。
2. 猪肉丝与葱丝放至板豆腐块上，淋入酱汁。
3. 电饭锅外锅倒入约1/2杯水，放入盘子，盖上锅盖，按下开关，蒸至开关跳起，放上红辣椒丝即可。

咸鱼蒸豆腐

材料
咸鲭鱼80克，豆腐180克，姜丝20克

调料
香油1/2茶匙

做法
① 豆腐洗净切成厚约1.5厘米的厚片，置于盘里备用；咸鲭鱼略清洗过，斜切成厚约0.5厘米的薄片备用。
② 将咸鱼片摆放在豆腐片上，铺上姜丝。
③ 电饭锅外锅加入3/4杯水，放入蒸盘后，盖上锅盖，按下开关，蒸至开关跳起，取出淋上香油即可。

虾酱肉蒸豆腐

材料
猪肉馅150克，板豆腐400克，蒜末20克，红辣椒末5克，葱花10克

调料
虾酱2大匙，白糖1/2茶匙

做法
① 板豆腐洗净切厚片，铺至盘上备用。
② 热锅，放入2大匙色拉油，以小火爆香蒜末、红辣椒末，加入猪肉馅炒至猪肉变白松散。
③ 入虾酱及白糖，以小火煸炒至虾酱及猪肉馅呈干香后，起锅铺至板豆腐片上；盖上保鲜膜后，放入电饭锅中蒸约20分钟后取出，撒上葱花即可。

蒜末小章鱼豆腐

材料
蒜末50克，小章鱼120克（约8只），豆腐1块，葱末20克，红辣椒末10克

调料
鱼露50毫升，香油20毫升

做法
① 小章鱼洗干净，沥干备用；豆腐略冲水，分切成四方小块，铺在盘底。
② 将小章鱼铺在豆腐块上，再淋上鱼露、蒜末，盖上保鲜膜，放入电饭锅中，外锅加入1/3杯水，蒸至开关跳起后取出。
③ 放上葱末和红辣椒末，再淋上色拉油和香油混合后的热油即可。

银耳蒸豆腐泥

材料
银耳30克，板豆腐3块，蛋清1个，蘑菇100克，栗子片15克，烫熟的青豆仁20克

调料
盐1/2茶匙，白糖1/4茶匙，胡椒粉1/4茶匙，香油1茶匙，水淀粉1茶匙

做法
1. 银耳浸泡于冷水中至发涨，去除蒂头后剁碎，放入水已煮滚的蒸笼中，以小火蒸约20分钟，取出放凉备用。
2. 板豆腐用滤网挤压成泥状，加入蛋清、银耳和全部调料拌匀，放入碗中。
3. 接着将蘑菇和栗子片排在豆腐上面，放入蒸笼内，以小火蒸约10分钟后取出，放上烫熟的青豆仁装饰即可。

豆蓉豆腐

材料
板豆腐2块，熟毛豆仁100克，蟹肉100克，蛋清50克，姜末1/2茶匙

调料
盐1/2茶匙，白糖、胡椒粉各1/4茶匙，香油、水淀粉各1茶匙

做法
1. 板豆腐切去较硬的表皮，放入细滤网中压碎过筛；熟毛豆仁用刀压成泥；蟹肉放入锅中烫熟后过凉水，切末，备用。
2. 将豆腐泥、毛豆泥、蟹肉末加入所有调料与蛋清拌匀。
3. 热锅，倒入适量色拉油，放入姜末爆香，再放入做法3的材料，以小火炒约3分钟后，放入小碗内，入电饭锅蒸约5分钟，再倒扣装盘即可。

家乡蒸豆腐

📋 材料

板豆腐1块（约100克），猪肉馅50克，虾米1/2茶匙，干香菇1朵，胡萝卜丁1茶匙，芹菜粒1茶匙

🏺 调料

盐1/2茶匙，白胡椒粉1/4茶匙，白糖1/4茶匙

📖 做法

1 干香菇、虾米泡软，切小丁备用。

2 猪肉馅加入所有调料拌匀，再加入上述材料、板豆腐和胡萝卜丁搅拌均匀。

3 将豆腐肉泥装入容器内，放进电饭锅中蒸10分钟，取出后撒上芹菜粒即可。

肉饼蒸豆腐

📋 材料

板豆腐1块，瓜仔肉酱1罐，干香菇2朵，胡萝卜30克，四季豆5个，葱花适量

🏺 调料

鸡蛋1个，料酒1大匙，姜泥1/2茶匙，白糖1/2茶匙

📖 做法

1 将板豆腐洗净捏碎；干香菇泡水还原切厚片；胡萝卜去皮切粗丁；四季豆去丝切粗丁，备用。

2 将干香菇、虾米加入瓜仔肉酱和所有调料混合均匀后放入容器，再放入电饭锅中蒸熟，起锅后再撒上葱花即可。

莲蓬豆腐

📋 材料

板豆腐2块，虾仁100克，青豆仁约12颗

🏺 调料

盐1茶匙，味精2茶匙，胡椒粉1茶匙，香油1大匙，淀粉5大匙

📖 做法

1 豆腐洗净以滚水汆烫后，切去老皮，放凉后将豆腐捣碎成泥状；虾仁洗净，挑去肠泥，再以汤匙压成泥状。

2 将豆腐泥、虾泥与所有调料搅拌均匀，平铺于有点深的圆盘上，再将洗净的青豆仁一个一个嵌入，装饰成莲蓬状，最后放入锅中以中火蒸约10分钟即可。

虾仁镶豆腐

材料

虾仁碎	50克
板豆腐	160克
葱末	5克
葱段	适量
姜片	3小片
上海青	20克
全虾	1只

调料

A

盐	1/4茶匙
蛋清	1个
淀粉	1/2大匙
白胡椒粉	少许

B

料酒	1/2茶匙
水	1/2杯
蚝油	1大匙
盐	1/4茶匙
白胡椒粉	少许

C

淀粉	少许
水淀粉	少许

做法

❶ 豆腐修掉硬边，压成泥，加入调料A拌匀备用。

❷ 锅烧热，加入少许色拉油，炒香葱末和虾仁碎后，放凉备用。

❸ 取汤匙涂上少许的色拉油，取适量豆腐料铺在汤匙上，中间镶入上述虾仁料，再加上少许豆腐料，反复此做法直到材料用尽。

❹ 将汤匙放入蒸锅中，约蒸6分钟，待稍凉后取下豆腐，沾少许淀粉放入热油中油炸，捞起备用。

❺ 锅留余油，炒香姜片、葱段和调料B，续放入炸豆腐煮约3分钟后勾芡，盛盘时以余烫过的上海青和全虾装饰即可。

腊肠蒸豆腐

材料

腊肠1条，板豆腐1块，葱1/2根

调料

酱油1茶匙，料酒1大匙

做法

1. 板豆腐洗净切丁；腊肠切片；葱洗净切葱花，备用。

2. 将板豆腐丁放入盘中，再放上腊肠片与葱花。

3. 加入所有调料，放入蒸锅中以大火蒸7分钟即可。

福建镶豆腐

材料

三角油豆腐6块（约120克），猪肉馅160克，猪肉丝50克，蒜末5克，葱末5克，胡萝卜末5克，新鲜香菇末10克，香菜叶5克，酸菜末10克，红辣椒丝5克

调料

Ⓐ 蚝油1大匙，料酒1/2大匙，白糖少许，鸡精少许，水适量，淀粉适量 Ⓑ 水淀粉少许

做法

1. 将猪肉馅放入容器中，加入蒜末、葱末、胡萝卜末、香菇末、酸菜末和淀粉拌匀备用。

2. 将三角油豆腐侧边划刀把表皮撑开，抹上淀粉，再镶入上述猪肉馅，放入蒸锅蒸10分钟备用。

3. 锅烧热，倒入少许色拉油，炒香猪肉丝，再加入调料A炒匀；将蒸熟的镶豆腐放入锅中煨煮入味，勾芡即可。

碎肉豆腐饼

📋 材料

猪肉馅300克，板豆腐150克，荸荠碎50克，姜末10克，葱末10克，鸡蛋1个

🥢 调料

盐3克，水50毫升，鸡精4克，白糖5克，酱油10毫升，料酒10毫升，白胡椒粉1/2茶匙，香油1茶匙

📖 做法

1. 板豆腐洗净，入锅略汆烫后冲凉压成泥。
2. 猪肉馅放入钢盆中，加入盐后搅拌至有黏性，加入鸡精、白糖及鸡蛋拌匀后将50毫升水分2次加入，搅拌至水分被肉吸收。
3. 再加入其余材料及调料，拌匀后将肉馅分成10份，整成饼状摆放入盘中。
4. 电饭锅外锅倒入1/2杯水，放入盘子，按下开关，蒸至开关跳起后即可。

梅酱蒸鲜虾豆腐

📋 材料

鲜虾6只，豆腐1块，姜5克，干葱5克，蒜末5克，葱1根，红辣椒10克

🥢 调料

咸梅子3颗，西红柿酱2大匙，料酒1大匙，白糖1大匙，醋2大匙，水1大匙

📖 做法

1. 鲜虾先洗净，剪去虾须和脚，然后从中间剖开不切断，备用。
2. 豆腐洗净切成片，放入蒸盘中；姜、干葱洗净切末；青葱、红辣椒洗净切丝，备用。
3. 咸梅子去核切成末，和其他调料混合均匀成蒸酱。
4. 豆腐上面放上鲜虾、蒜末、干葱末和姜末，淋上蒸酱，放入蒸锅中，以大火蒸约7分钟后取出即可。

蒜味鲜虾嫩豆腐

材料

嫩豆腐1盒（约150克），鲜虾3只，蒜末50克，葱丝15克，姜丝5克，红辣椒丝5克

调料

鱼露30毫升，水50毫升，白糖少许，蚝油10毫升

做法

1. 将嫩豆腐切成1厘米薄片；鲜虾洗净，带壳对切剖开备用。
2. 蒜末放入锅中，用冷油炒至金黄，捞起备用。
3. 取一有深度的盘子，将嫩豆腐片铺底，再依序放上鲜虾和蒜末。
4. 将调料混匀，淋在豆腐上，放入蒸炉中蒸约8分钟。
5. 取出后，最后放上葱丝、姜丝和红辣椒丝装饰即可。

虾泥蒸豆腐

材料

虾仁泥适量，盒装嫩豆腐1盒，鲜虾3只，葱末适量，蒜末适量，芹菜末适量，淀粉少许

调料

冷开水200毫升，鸡精1茶匙，盐、白胡椒粉各少许

做法

1. 盒装嫩豆腐纵切成3等份，摊平在手掌中，以汤匙挖出凹洞。
2. 取容器，放入其余材料（鲜虾、淀粉不加入），再加入所有调料搅拌均匀成馅料，备用。
3. 取一块豆腐，在凹洞内抹上淀粉，填入适量馅料，放上一只鲜虾再排入盘中，重复此做法至豆腐用完；盖上可加热保鲜膜，放入电锅中（外锅加2/3杯水），按下开关，蒸至开关跳起，取出即可。

蟹黄虾尾豆腐

材料
嫩豆腐1盒，草虾6只，胡萝卜泥5克

调料
盐1茶匙，白糖1/2茶匙，水150毫升，水淀粉1大匙，香油1茶匙

做法
1. 将嫩豆腐切成厚片状，每片的中央挖一小洞备用。
2. 草虾洗净氽烫后去头及壳，留下虾肉和虾尾，依序将头部插入豆腐上，放入内锅，再放入电饭锅；外锅加约1/4杯水（材料外），盖上锅盖，按下开关，蒸约3分钟，盛入以烫熟的西蓝花（材料外）装饰的盘中备用。
3. 另取锅，加入胡萝卜泥及所有调料煮滚，成为芡汁，淋至豆腐上即可。

荸荠镶油豆腐

材料
荸荠6颗，油豆腐10个，蘑菇70克，胡萝卜末30克，熟马铃薯60克，姜末10克

调料
盐1/4茶匙，香菇粉少许，白胡椒粉少许，橄榄油1大匙

做法
1. 先将油豆腐剪去一面的皮备用；荸荠去皮后拍扁、切末；蘑菇洗净、切末；熟马铃薯压成泥，备用。
2. 热锅，加入1大匙橄榄油，放入姜末、蘑菇碎炒香，再加入胡萝卜末、荸荠末拌炒均匀，续加入其余调料、熟马铃薯泥拌炒均匀成馅料。
3. 将炒好的馅料填入油豆腐中，放入蒸锅中蒸约15分钟，再焖约2分钟，摆上洗净的香菜叶（材料外）即可。

白玉南瓜卷

材料
南瓜100克，豆腐1盒，海苔粉30克，紫菜条1张

调料
盐1茶匙，白糖1茶匙

做法
1. 南瓜洗净，去皮去籽，切条状，放入水已煮滚的蒸笼内，以中火蒸约10分钟至熟后，先取出放凉，再加入全部调料拌匀备用。
2. 豆腐洗净，切成四方片铺在保鲜膜上。
3. 将蒸熟的南瓜条均匀沾裹上海苔粉，放在豆腐片上，再卷成筒状，并用紫菜条固定住南瓜卷；放入水已煮滚的蒸笼内，以小火蒸约5分钟即可。

豆腐茶碗蒸

材料
嫩豆腐1/2盒，四季豆少许，姜末少许

调料
Ⓐ 鸡蛋1个，柴鱼素1/2茶匙，水150毫升，盐少许，酱油2～3滴 Ⓑ 柴鱼素1/5茶匙，水3大匙，酱油1滴，盐少许，水淀粉适量

做法
1. 嫩豆腐切成2等份；调料A混合调匀成蛋汁；四季豆洗净，放入滚水中汆烫后，再切成细丝；将豆腐放入蒸碗中，再倒入蛋汁，用保鲜膜封起。
2. 蒸锅中加水煮开至冒出水蒸气，放入蒸碗，大火蒸约3分钟，再转小火蒸约15分钟。
3. 将调料B混合煮开，以适量水淀粉调成薄芡汁。
4. 将蒸好的茶碗蒸取出，淋入薄芡汁，放上姜末、四季豆丝即可。

菠菜豆腐

材料
嫩豆腐1块，鸡胸肉150克，菠菜1棵

调料
蛋清1个，淀粉1/2大匙，盐适量，胡椒粉适量，鸡精1/2大匙，料酒1/2大匙

芡汁
Ⓐ 高汤200毫升，白糖1/2茶匙，料酒1/2大匙，盐少许，胡椒粉少许 Ⓑ 牛奶1大匙，淀粉少许

做法
1. 菠菜杆洗净，取梗，汆烫，沥干切成5厘米长段；嫩豆腐吸除水分，压成泥状。
2. 将鸡胸肉洗净剁成泥，与所有调料及嫩豆腐拌匀；移入已冒气的蒸笼内，转中火蒸15分钟后取出放凉；将豆腐切成5厘米的条状，放入油锅以低油温炸至上色，盛盘。
3. 将芡汁A煮开，加入芡汁B调匀，淋在豆腐上，放上菠菜梗即可。

清蒸丝瓜豆腐

材料
丝瓜1条，嫩豆腐2块，草虾4只，蒜末1大匙，姜末1茶匙

调料
Ⓐ 蛋清1/4个，盐少许，胡椒粉少许，料酒1茶匙，酱油少许 Ⓑ 蚝油1大匙，鸡精1/2茶匙，白糖1/2茶匙，水30毫升，淀粉少许

做法
1. 草虾洗净去肠泥，剥除虾壳，加入调料A略拌，沾上薄薄淀粉。
2. 丝瓜去皮切成等份的3段，挖除中间瓜籽后，填入用圆模型压形的嫩豆腐，再将草虾置于嫩豆腐上，移入蒸笼以大火蒸熟。
3. 热油锅，爆香蒜末、姜末后，先加入调料B的蚝油略拌炒均匀，再加入其余的调料B调味匀，即为酱汁。
4. 将蒸好的丝瓜豆腐取出，淋上酱汁即可。

鱼香蛋豆腐

材料
蛋豆腐1盒，猪肉馅30克

调料
鱼香酱3大匙

做法
1. 将蛋豆腐洗净，切成丁状，放在蒸盘上备用。
2. 猪肉馅与调料拌匀，淋在蛋豆腐丁上。
3. 取一电饭锅，放上蒸架，将水煮至滚。
4. 将蒸盘放在蒸架上，盖上锅盖蒸约8分钟即可。

> **鱼香酱**
>
> **材料：** 辣椒酱50克，葱末适量，蒜末10克，白糖3大匙，料酒2大匙，酱油2大匙
>
> **做法：** 取一锅，将所有材料放入混合煮滚即可。

蟹肉蛋豆腐

材料
蟹肉棒50克，蛋豆腐1盒，姜丝5克，泡发香菇20克

调料
高汤30毫升，蚝油1大匙，白糖1/4茶匙，料酒1大匙

做法
1. 蛋豆腐洗净切块装入容器中；泡发香菇洗净切丝；蟹肉棒斜切段状，备用。
2. 姜丝、香菇丝和蟹肉棒放至蛋豆腐上。
3. 所有调料拌匀，淋至蛋豆腐上，盖上保鲜膜，放入水已煮滚的蒸笼，用大火蒸约15分钟，上桌前撕去保鲜膜，并用香菜叶（材料外）装饰即可。

麒麟豆腐

材料
嫩豆腐1大块，熟香菇4~6朵，火腿4片，上海青适量

调料
蚝油2大匙，酱油1大匙，白糖2大匙，水4大匙，香油1/2茶匙

做法
1. 豆腐洗净，横切成厚片状约8片；熟香菇、火腿片切成约与豆腐大小相同的片状备用。
2. 依序以一片豆腐、一片香菇及火腿的方式，重叠排列在平盘上。
3. 将蚝油及酱油、白糖、水拌匀后，淋在豆腐上，放入锅中以中火蒸约5分钟即起锅，再以氽烫的上海青围边，最后滴上香油即可。

雪里红蒸豆腐

材料
雪里红50克，蛋豆腐1盒，白果50克，鲜香菇50克，黄椒5克

调料
红曲酱1大匙，白糖1茶匙，香油1茶匙

做法
1. 白果洗净切片；雪里红、黄椒和鲜香菇洗净，切小丁备用。
2. 将以上材料和全部调料混合拌匀。
3. 蛋豆腐用盖模压出圆形，放入煎锅内，加油略煎至外观呈焦色盛盘，再加上调好的做法2的馅料，放入水已煮滚的蒸笼内，以小火蒸约5分钟取出即可。

豆豉蒸香菇豆腐

材料
豆豉1茶匙，香菇200克，豆腐1块，红甜椒100克，青辣椒丁30克，陈皮1块，姜1块

调料
酱油膏1大匙，白糖1茶匙，香油1茶匙

做法

1. 香菇、豆腐洗净，切长方形厚片，放入油锅中煎出焦色；红甜椒洗净汆烫去皮、去籽，切片。
2. 陈皮、姜洗净，豆豉泡软，全部剁碎；蒸笼放入锅中先将水烧开。
3. 取盘，先放一片豆腐，再排入红甜椒片、香菇片，重复此做法至材料用完为止。
4. 调料和做法2的材料混合拌匀，淋入做法3的材料上，入蒸笼内，以小火蒸约5分钟取出，撒上青辣椒丁，再淋入烧热的香油即可。

蒸三色豆腐

材料
百叶豆腐1块，干香菇3朵，沙拉笋1/2个，胡萝卜片40克

调料
素蚝油少许，盐1/4茶匙，香菇粉、香油各少许，水150毫升，水淀粉少许

做法

1. 百叶豆腐洗净、切片；干香菇洗净泡软、切片；沙拉笋洗净切片，备用。
2. 热锅，加入适量色拉油，放入香菇片炒香，再加入少许盐（材料外）拌匀取出。
3. 取百叶豆腐、沙拉笋片、胡萝卜片和香菇片排入蒸盘中，放入水滚的蒸锅中，蒸约10分钟后熄火取出。
4. 热锅，加入所有调料煮匀，淋在食材上即可。

梅干蒸百叶豆腐

材料

百叶豆腐2块，罗勒叶适量，梅干酱4大匙

做法

❶ 百叶豆腐洗净、切片，排入蒸盘。

❷ 淋上梅干酱，放入水已滚沸的蒸笼，蒸约15分钟，取出撒上罗勒叶即可。

> **梅干酱**
>
> **材料：** 梅干菜40克，荸荠1颗，姜10克，香菇粉1/4茶匙，白糖1/4茶匙，料酒少许，开水少许，香油少许
>
> **做法：** 梅干菜洗净、挤干水分、切末；荸荠去皮、切末；姜切末，备用。将所有材料搅拌均匀即可。

牡蛎豆腐

材料

牡蛎200克，板豆腐2块，姜末10克，蒜末10克，红辣椒圈10克，青蒜20克

调料

黄豆酱1.5大匙，白糖1/4茶匙，料酒1大匙，水淀粉适量

做法

❶ 板豆腐洗净切小块；牡蛎洗净沥干，备用；青蒜洗净，切小粒。

❷ 热锅，加入2大匙色拉油，放入姜末、蒜末、红辣椒圈爆香，再放入黄豆酱炒香。

❸ 于锅中，放入牡蛎轻轻拌炒，再加入豆腐块、青蒜、白糖、料酒，轻轻拌炒均匀至入味，起锅前加入水淀粉拌匀即可。

客家酱豆腐

材料
板豆腐2块，猪肉馅150克，蒜瓣2颗，红辣椒1/2个，葱花2大匙，中筋面粉适量

调料
Ⓐ 客家豆腐乳1块，热开水适量　Ⓑ 鸡高汤300毫升，酱油1茶匙，白糖少许，水淀粉少许，香油1茶匙

做法
1. 豆腐洗净切片，沾裹上薄薄一层面粉；豆腐乳用热开水拌开；蒜、红辣椒洗净切小片。
2. 热锅，倒入少许色拉油，放入豆腐煎至上色。另热锅，倒入少许色拉油，放入猪肉馅炒散，加入蒜片、红辣椒片炒香，再加入豆腐乳炒匀。
3. 加入鸡高汤、酱油、白糖煮至汤汁沸腾，勾薄芡后，放入豆腐烩煮入味，加葱花、香油即可。

丝瓜豆腐

材料
丝瓜300克，芙蓉豆腐2盒，蟹脚肉50克，竹荪2条，枸杞子5克，姜丝10克

调料
Ⓐ 盐1/2茶匙，鸡精1/2茶匙，料酒1茶匙　Ⓑ 高汤100毫升，水淀粉适量，香油少许

做法
1. 芙蓉豆腐洗净切块；丝瓜洗净去头尾、去皮，切块；竹荪泡软，切小段；枸杞子以冷水浸泡5分钟捞起沥干，备用。
2. 丝瓜块与竹荪放入滚水中略氽烫；蟹脚肉放入滚水中氽烫。
3. 热锅，放入2大匙色拉油烧热，以中火爆香姜丝，再放入芙蓉豆腐块、丝瓜块、蟹脚肉和竹荪，倒入高汤轻轻拌炒均匀。
4. 放入枸杞子和所有调料A，以小火煮至入味后用水淀粉勾芡，并加入少许香油即可。

酒香豆腐

材料

板豆腐1块（约300克），小黄瓜20克，鸡高汤
500毫升

调料

Ⓐ 盐1/4茶匙，白胡椒粉1/6茶匙，鸡精1/4茶匙
Ⓑ 绍兴酒100毫升，蚝油1大匙

做法

❶ 豆腐洗净，鸡高汤与调料A一起放入锅中煮
开，再以小火煮至汤汁剩一半，放凉。

❷ 加入绍兴酒拌均匀，用保鲜膜密封后放入
冰箱。

❸ 把小黄瓜洗净切丝；蚝油与1大匙泡豆腐的
汤汁一起搅拌均匀，成淋汁备用。

❹ 取出豆腐切片，装盘，再铺上小黄瓜丝
后，淋上淋汁即可。

葱油板豆腐

材料

板豆腐300克，葱丝20克，姜丝15克，红辣椒丝
5克

调料

蚝油1大匙，酱油1大匙，白糖1/2茶匙，冷开水
1大匙

做法

❶ 板豆腐洗净切粗条备用。

❷ 煮一锅滚水，水中加少许盐，将板豆腐条
放入锅中汆烫30秒钟后，取出盛盘。

❸ 将所有调料拌匀成酱汁，淋至豆腐上，再
放上混合的葱丝、姜丝和红辣椒丝。

❹ 锅烧热，倒入约2大匙香油，烧热至约
160℃，直接淋至豆腐上即可。

什锦菇煮百叶豆腐

材料
Ⓐ 大白菜200克　Ⓑ 百叶豆腐50克，白玉菇30克，柳松菇30克，杏鲍菇30克，鲜香菇30克，金针菇30克，玉米笋30克，胡萝卜片20克，黑木耳片20克，西蓝花30克，姜末10克

调料
Ⓐ 素高汤300毫升，白糖1茶匙，盐1茶匙，香油1大匙　Ⓑ 水淀粉少许

做法
❶ 大白菜洗净，去除菜叶，只留下白菜梗。

❷ 将全部材料洗净后，菇类分切成小段或片状；百叶豆腐切片状；西蓝花分切成小朵。

❸ 取锅，加入少许香油，放入姜末爆香，再加入全部食材煸香后，倒入调料A煮滚，转小火煮约2分钟，加入水淀粉勾薄芡即可。

黄金玉米煮豆腐

材料
玉米粒200克，猪肉馅50克，嫩豆腐1盒，葱1根，胡萝卜50克

调料
鸡精1茶匙，香油1茶匙，盐少许，白胡椒粉少许，水200毫升

做法
❶ 先将嫩豆腐洗净切成小丁状；玉米粒洗净，备用。

❷ 葱、胡萝卜洗净，切成小丁状备用。

❸ 取一个小汤锅，加入1大匙色拉油，再放入猪肉馅、玉米粒、葱、胡萝卜以中火先爆香。

❹ 接着加入豆腐丁，再加入所有的调料，以中火煮约10分钟至入味即可。

双菇炖豆腐

📋 材料
板豆腐1大块，白玉菇60克，蟹味菇60克

🧂 调料
豆浆200毫升，料酒50毫升，酱油1.5大匙，味噌18克，白糖13克

🍲 做法
1. 所有调料混合均匀；板豆腐洗净切成4等份，备用；菇类洗净。
2. 取锅，放入调料煮至沸腾，再加入豆腐、白玉菇、蟹味菇，以小火炖煮至入味即可。

什锦菜烩豆腐

📋 材料
鲜香菇丝适量，熟竹笋丝25克，金针菇30克，黑木耳丝25克，蛋豆腐1盒，红甜椒丝25克

🧂 调料
蚝油1大匙，盐少许，白糖少许，醋少许，水150毫升，水淀粉适量

🍲 做法
1. 蛋豆腐洗净切块备用。
2. 热锅，加入少许色拉油，放入鲜香菇丝爆香，再加入熟竹笋丝、金针菇、黑木耳丝、红甜椒丝拌炒。
3. 续加入所有调料煮匀，再放入蛋豆腐块煮至入味，起锅前以水淀粉勾芡拌匀即可。

咸蛋烩豆腐

📋 材料
咸蛋2个，板豆腐3块，玉米笋60克，豌豆荚50克，蟹味菇40克，蒜末10克，葱段10克，高汤150毫升

🧂 调料
咖喱粉1/2大匙，料酒1/2茶匙，水少许，盐1/4茶匙，白糖少许，白胡椒粉少许，水淀粉适量

🍲 做法
1. 咸蛋切小片；板豆腐洗净切块，备用；玉米笋洗净切小段；豌豆荚去头尾后洗净切片；蟹味菇洗净去蒂头。
2. 热锅倒入2大匙色拉油，放入蒜末以中火爆香，加入咸蛋片炒香后取出（保留余油），备用。
3. 锅中放入葱段和做法1的食材炒匀，加入高汤煮至滚沸，再加入所有调料和咸蛋片拌匀，最后以水淀粉勾芡即可。

炸蛋咖喱豆腐

材料
水煮鸡蛋2个，板豆腐160克，蒜末5克，洋葱末10克，红辣椒末3克，香菜叶3克

调料
酱油1/3大匙，白糖少许，料酒1茶匙，香油少许，水淀粉少许

做法
1. 板豆腐用开水烫过，切成4等分，摆盘备用。
2. 将去壳的水煮蛋入油锅，炸成金黄色后捞起对切，放在豆腐上。
3. 锅留余油，炒香蒜末、洋葱末和红辣椒末，再加入咖喱粉炒香后，加入调料A调匀。
4. 加入水淀粉勾芡，淋在炸蛋豆腐上，摆上香菜叶装饰即可。

肉片煮豆腐

材料
猪肉薄片100克，三角油豆腐8块，水煮竹笋50克，葱1根，蒜适量，干香菇2朵，小青辣椒1个，高汤250毫升

调料
酱油1大匙，白糖、鸡精各1/2茶匙，水淀粉适量，豆瓣酱1大匙

做法
1. 三角油豆腐放入滚水中氽烫后，捞起沥干；青辣椒洗净去籽，切成适当大小的块；香菇用温水泡软、去蒂；竹笋、蒜切片；葱洗净切段，备用。
2. 锅中放油烧热，爆香蒜片、葱段，加入豆瓣酱炒匀，倒入猪肉薄片炒至变色。
3. 接着依序加入竹笋片、香菇、青辣椒以及三角油豆腐拌炒均匀，再加入高汤和其余调料煮至略收汁，最后以适量水淀粉勾芡即可。

蟹肉火锅豆腐

材料
蟹肉棒5根，火锅豆腐1盒，葱1根，鸡高汤1/2罐

调料
盐少许

做法
1. 火锅豆腐洗净切丁；蟹肉棒剥丝；葱洗净切丝，备用。
2. 取一锅，加入鸡高汤，放入豆腐丁煮约5分钟；起锅前加入蟹肉棒、盐，撒入葱丝即可。

砂锅素丸子

材料
A 板豆腐1块，大白菜120克　B 胡萝卜末10克，干香菇末15克，芹菜末5克　C 小黄瓜片10克，蘑菇10克，竹笋片10克，草菇10克，姜片5克，胡萝卜片10克

调料
蚝油1大匙，酱油1大匙，白糖1茶匙，白胡椒粉1茶匙，水800毫升

做法
1. 板豆腐洗净，放入棉布袋中沥干水分，压成泥，加入材料B混合拌匀；然后捏成球，放入140℃的油温中炸至金黄，成炸丸子。
2. 大白菜洗净切块，放入滚水中略汆烫，捞起铺在容器的底部。
3. 锅烧热，加入少许色拉油，放入所有材料C炒香，加入调料煮开，再放入炸丸子烧煮至入味，出锅后摆上香菜叶（材料外）装饰即可。

虾焖煮冻豆腐

材料

冻豆腐2块（约120克），大虾3只，秋葵1个

调料

柴鱼片20克，酱油30毫升，水250毫升，盐适量

做法

1. 冻豆腐洗净切块；秋葵洗净放入滚水中汆烫，捞起备用。
2. 取一汤锅，放入柴鱼片和水一起煮15分钟后，过滤汤汁成高汤。在高汤中加入酱油和盐调味，再放入去壳的大虾和冻豆腐块煮开，焖煮5分钟。
3. 最后以秋葵装饰即可。

时蔬豆腐丸

材料

板豆腐1块，猪肉馅250克，胡萝卜50克，四季豆60克，葱1根，香菜1棵

调料

盐1/2茶匙，淀粉2大匙，酱油1/2大匙，白胡椒粉少许，香油1/2大匙，水淀粉适量

做法

1. 四季豆洗净、汆烫后切小丁；胡萝卜洗净切末后汆烫捞出，备用。
2. 葱、香菜洗净，切成碎末；板豆腐洗净挤除水分，压成泥，备用。
3. 将猪肉馅和上述所有材料混合，再加入所有调料拌匀，捏成丸子状，逐个放入滚水中煮熟，再捞起沥干盛盘。
4. 锅中留少许水用水淀粉勾芡，淋在丸子上即可。

豆腐煲

📋 材料
A 油豆腐泡11个，大白菜300克 **B** 葱段、姜片、红辣椒丝、蘑菇片各适量 **C** 豆干、香菇、胡萝卜、芹菜、洋葱各10克

🧂 调料
蚝油1大匙，酱油1大匙，白糖1茶匙，白胡椒粉1茶匙，水800毫升，香油1大匙

🥫 腌料
蚝油1大匙，酱油1大匙，白糖1茶匙，白胡椒粉1茶匙，水800毫升，香油1大匙

🍲 做法
1. 将材料C洗净，切成小丁，加腌料拌匀，成馅料；将油豆腐泡中间剪开，取适量馅料塞入，重复此做法至材料用尽。
3. 锅烧热，加入少许色拉油，放入材料B炒香，再加入切块的大白菜和油豆腐泡；最后加入所有调料，烧煮15分钟即可。

黄金豆腐

📋 材料
嫩豆腐1盒，胡萝卜泥30克，咸蛋黄2个，葱1根，姜20克

🧂 调料
盐1茶匙，白糖1/2茶匙，胡椒粉1/2茶匙，料酒1大匙，水300毫升，水淀粉1大匙，香油1大匙

🍲 做法
1. 咸蛋黄蒸熟后，切成碎状备用。
2. 嫩豆腐洗净切小丁；葱、姜洗净切成末，备用。
3. 热锅加少许色拉油，放入葱末、姜末、咸蛋黄、胡萝卜泥一起炒香，再加入豆腐丁和所有调料（水淀粉和香油除外），略拌煮匀。
4. 最后以水淀粉勾芡，洒上香油即可。

酸辣臭豆腐

📋 材料
臭豆腐2块（约240克），蘑菇5个，洋葱丝30克，小西红柿5颗，水200毫升，香茅1根，柠檬叶2片

🍶 调料
Ⓐ 醋30毫升，辣油15毫升，辣椒酱60克 Ⓑ 柠檬汁20毫升

🍳 做法
① 锅烧热，倒入1大匙色拉油，炒香洋葱丝，加入香茅和柠檬叶，加入调料A、草菇和小西红柿。

② 加入水煮滚后，再放入臭豆腐熬煮15分钟至入味，食用前淋入柠檬汁即可。

煮臭豆腐

📋 材料
臭豆腐3块，蒜末10克，洋葱丝15克，红辣椒圈10克，鲜香菇丝3朵，猪肉丝80克，高汤800毫升，葱花5克，芹菜末5克

🍶 调料
盐1茶匙，鸡精1/2茶匙，白糖少许，胡椒粉少许，香油1/4茶匙，料酒1茶匙，辣椒酱1茶匙

🍳 做法
① 热锅，倒入2大匙色拉油烧热，放入蒜末、洋葱丝、红辣椒圈以小火炒出香味，加入鲜香菇丝炒香，再加入猪肉丝炒至变色，最后加入高汤。

② 以中火将食材煮沸，加入臭豆腐及调料拌匀。

③ 以小火将煮至充分入味，盛入小锅中，撒上葱花及芹菜末即可。

味噌煮豆腐

📋 材料
板豆腐1块，鸡绞肉100克，葛粉条20克，葱花适量

🍶 调料
Ⓐ 水300毫升，料酒60毫升，酱油6毫升，白糖6克，柴鱼素3克 Ⓑ 味噌20毫升

🍳 做法
① 板豆腐略冲水沥干，切成适当的大小块状备用。葛粉条泡入水中，待变软备用。

② 将调料A混合煮匀后，加入味噌拌匀，成酱汁备用。

③ 取锅，加入色拉油烧热，放入鸡绞肉炒至松散，加入酱汁煮开，再加入豆腐块和葛粉条，以中火煮至入味后，撒入葱花即可。

干锅香菇豆腐煲

🍲 材料

干香菇	60克
板豆腐	200克
红辣椒段	3克
蒜片	10克
姜片	15克
芹菜	50克
蒜苗	60克

🍲 调料

辣豆瓣酱	2大匙
蚝油	1大匙
白糖	1大匙
料酒	30毫升
水	80毫升
水淀粉	1大匙
香油	1大匙

🍲 做法

❶ 干香菇用适量水泡软后取出沥干，分切成2等份；板豆腐洗净切片；芹菜洗净切小段；蒜苗洗净切段，备用。

❷ 热油锅至约180℃，放入豆腐片，炸至表面金黄后取出，续将干香菇下锅炸香，起锅沥油备用。

❸ 锅留少许色拉油，小火爆香姜片、蒜片和红辣椒段。

❹ 再加入辣豆瓣酱炒香，放入香菇、芹菜段及蒜苗段炒匀后，放入蚝油、白糖、料酒及水。

❺ 续加入炸豆腐片，以小火煮至汤汁略收干，用水淀粉勾芡后淋入香油，最后盛入锅即可。

鲜鱼鸡粒豆腐煲

材料

鲜鱼肉60克，鸡胸肉60克，嫩豆腐1块（约150克），蒜末10克，葱段20克，红辣椒丝10克

调料

蚝油80毫升，水适量，白糖5克，酱油20毫升，淀粉适量

做法

1. 嫩豆腐切成四方小块，沾裹薄薄淀粉，放入油锅中油炸，捞起备用。

2. 将鸡胸肉和鲜鱼肉洗净切小丁，分别沾裹薄薄淀粉，放入油锅中油炸，捞起备用。

3. 锅留余油，炒香蒜末、红辣椒丝和葱段，再放入所有调料煮开，放入做法1、做法2的材料煮至汤汁收干，最后放入砂锅中略煮即可。

鲜虾豆腐煲

材料

鲜虾6只，虾仁50克，板豆腐6小块，葱1/2根，粗冬粉1把，鱼浆20克，姜末1小匙，上海青3朵，高汤适量，蒜酥1小匙

调料

A 盐1/2小匙，白胡椒粉少许，料酒1小匙 B 盐1/2小匙，绍兴酒1大匙，淀粉1大匙

做法

1. 鲜虾洗净去壳留尾；虾仁剁泥；葱洗净切段。将虾泥、鱼浆、姜末、淀粉和调料A一起拌匀成馅料。

2. 将板豆腐各挖一个缺口，撒上少许的淀粉在缺口上，填入馅料，各塞入1只虾，排入盘中。封上一层保鲜膜，放入蒸笼中以大火蒸6分钟，呈现半熟状态，即可取出。

3. 取一砂锅，放入做法2的材料、剩余材料和调料B，以大火煮开，转小火煮5分钟即可。

一品豆腐煲

材料
板豆腐2大块，海参1条，虾仁50克，猪肉片50克，火腿50克，大白菜1/2个，葱1根，姜3片，高汤适量

调料
盐适量，味精适量，胡椒粉适量

做法
1. 板豆腐洗净横切成厚片；海参洗净切成小块，虾仁洗净，挑去肠泥；葱洗净切段备用。
2. 将海参、虾仁、猪肉片、火腿和大白菜分别以滚水氽烫一下，捞起沥干水分备用。
3. 取一砂锅，先将大白菜垫底，再依序放入火腿、豆腐片、猪肉片、虾仁、海参备用。
4. 热油锅，爆香葱、姜后，放入高汤、调料煮开后，捞起葱、姜，只将汤汁倒入砂锅中。
5. 将砂锅放炉上，以中火煮滚即可。

海参豆腐煲

材料
海参200克，豆腐300克，蹄筋200克，胡萝卜片50克，泡发香菇片50克，姜片40克，葱段40克

调料
Ⓐ 蚝油3大匙，白糖1茶匙，绍兴酒2大匙，水100毫升 Ⓑ 水淀粉2大匙，香油1大匙

做法
1. 海参及蹄筋洗净、沥干，切小块；豆腐洗净切块，备用。
2. 将姜片、葱段及剩余材料放入内锅，加入调料A，再放入电饭锅，外锅加约1杯水，盖上锅盖，按下开关，蒸至开关跳起。
3. 打开锅盖，加入水淀粉勾芡，再加入约1/4杯水，按下开关，再蒸约2分钟，即可开盖盛入砂锅，并洒上香油。

大马站煲

材料
蛋豆腐1盒，广东烧肉200克，韭菜段适量，蒜末1茶匙，水50毫升

调料
Ⓐ 绍兴酒1大匙，广东虾酱1/2茶匙，盐1/4茶匙，白糖1/4茶匙，白胡椒粉1/4茶匙，香油1/2茶匙 Ⓑ 水淀粉少许

做法
1. 把广东烧肉切成约1厘米的方块状，放入滚水中汆烫一下捞出；蛋豆腐切成10等份，备用。
2. 起油锅，油温热至约180℃，把蛋豆腐块放入炸至表面形成硬膜，且呈棕黄色即可捞出。
3. 锅留少许油，放入蒜末爆香，加入水与调料A，接着放入蛋豆腐块轻轻推拌约1分钟；加入广东烧肉煮约1分钟，接着加入韭菜段与水淀粉勾芡，盛入烧热的砂锅内即可。

海带鲜虾豆腐煲

材料
海带100克，草虾300克，豆腐100克，蛤蜊100克，西蓝花100克，姜片30克

调料
水400毫升，白糖1茶匙，鱼露2大匙，料酒2大匙

做法
1. 西蓝花洗净切小朵，汆熟放入砂锅中；豆腐洗净切块放入油锅中，以160℃的油炸至金黄；草虾去须脚及肠泥后洗净；蛤蜊泡水吐沙，备用。
2. 热锅，倒入适量色拉油，再放入姜片爆香，加入海带、草虾、蛤蜊、豆腐及所有调料煮至汤汁略收干，淋在砂锅中即可。

文思豆腐

材料
木棉豆腐1块，熟竹笋1根，胡萝卜30克，鸡汤500毫升

调料
盐1茶匙，香油1茶匙，水淀粉1.5大匙

做法
1. 熟竹笋剥去外皮，切成极薄片再切细丝；胡萝卜去皮切细丝；木棉豆腐洗净切细丝泡水，备用。
2. 鸡汤煮滚后，加入所有调料及竹笋丝、胡萝卜丝以小火煮滚。
3. 接着加入水淀粉勾芡，放入木棉豆腐丝轻轻拌匀，并淋上香油即可。

花豆豆腐煲

材料
花豆100克，板豆腐2块，蘑菇块20克，鲜香菇块20克，红辣椒片2克，蒜片2克，甜豆荚段10克

调料
白糖1/2茶匙，水300毫升，酱油1茶匙

做法
1. 花豆泡水约1小时，捞出沥干，放入电饭锅内，外锅加1杯水，蒸约30分钟至软。
2. 板豆腐洗净切小块，放入滚水中汆烫后，捞起沥干备用。
3. 锅烧热，放入少许色拉油，炒香红辣椒片、蒜片、蘑菇块、鲜香菇块、所有调料和豆腐块，以大火煮至滚沸。
4. 取一砂锅，放入花豆，倒入做法3的材料，以小火煲煮约10分钟至入味，再放入甜豆荚段焖煮1分钟即可。

翡翠豆腐羹

材料
板豆腐1块，菠菜8克，蛋清2个，虾仁80克，鸡汤600毫升

调料
盐1茶匙，白糖1/4茶匙，香油1茶匙，水淀粉1.5大匙

做法
1. 菠菜用果汁机打成汁，过滤去渣；豆腐洗净切菱形块，备用。
2. 将菠菜汁加入蛋清逆时针方向打匀。
3. 热锅，倒入适量色拉油，待油温热至约80℃，倒入做法2的材料，不停搅拌至呈颗粒状后捞出沥干，再以滤网过滤，即为翡翠。
4. 取锅，放入鸡汤煮滚，加入所有调料及虾仁、板豆腐块、做法3的材料，以小火煮滚，最后淋入水淀粉勾芡即可。

海鲜豆腐羹

📋 材料

板豆腐1块，熟竹笋80克，胡萝卜片30克，虾仁30克，鲷鱼片80克，蟹肉20克，芥菜梗少许，鸡汤600毫升

🍶 调料

盐1茶匙，白糖1/4茶匙，香油1茶匙，水淀粉1.5大匙

🍳 做法

1. 板豆腐洗净切菱形；芥菜梗洗净切小片。
2. 将虾仁、蟹肉、鲷鱼片洗净切小块，入锅氽烫后捞起沥干。
3. 取锅，倒入鸡汤煮滚，加入所有调料及竹笋块、胡萝卜片、豆腐块、芥菜梗片及虾仁、蟹肉、鲷鱼片，以小火煮滚，再淋入水淀粉勾芡，撒上葱花（材料外）即可。

芥菜豆腐羹

📋 材料

芥菜心250克，豆腐150克，猪瘦肉50克，枸杞子5克，姜末5克，高汤400毫升

🍶 调料

盐1/4茶匙，白胡椒粉1/8茶匙，水淀粉1.5大匙，香油1茶匙

🍳 做法

1. 芥菜心洗净与豆腐切小丁；猪瘦肉洗净切小丁，与芥菜心一起放入滚水中略氽烫后，捞起冲凉沥干备用。
2. 取锅，加入高汤煮滚后，加入姜末、枸杞子及做法1的材料以小火煮约5分钟后，加入盐和白胡椒粉调味后，最后加入水淀粉勾薄芡，淋入香油即可。

三丝豆腐羹

📋 材料

猪肉丝50克，胡萝卜丝30克，竹笋丝30克，板豆腐1块

🍶 调料

高汤适量，盐1茶匙，味精1茶匙，白胡椒粉1茶匙，水淀粉1大匙，香油1大匙

🍳 做法

1. 板豆腐洗净切丝，与其余材料一起以滚水氽烫一下，捞起沥干水分备用。
2. 热油锅，加入高汤及剩余材料煮开后，以盐、味精、白胡椒粉调味，再以水淀粉勾薄芡，起锅前滴入香油即可。

苋菜豆腐羹

材料
苋菜200克，盒装嫩豆腐1盒，黄豆芽少许，蒜末适量，高汤1500毫升，香油少许

调料
料酒1大匙，盐适量，鸡精适量，水淀粉适量

做法
1. 苋菜洗净切小段；黄豆芽入滚水中汆烫去涩捞起；豆腐洗净切小块，泡入冷水中，备用。
2. 热锅加入2大匙色拉油，爆香蒜末，放入苋菜炒软，再加入高汤及黄豆芽煮开。
3. 将豆腐沥干水分放入锅中，至再度煮开后淋入料酒，加入盐、鸡精调味，以水淀粉勾芡、淋上少许香油，出锅摆上香菜叶（材料外）装饰即可。

发菜豆腐羹

材料
发菜50克，嫩豆腐1/2块，高汤500毫升

调料
盐适量，鸡精1茶匙，淀粉少许，香油少许

做法
1. 将豆腐洗净切粗丁、发菜泡水后沥干，皆放入滚水中略汆烫后捞起备用。
2. 取一汤锅，以中火烧热，注入高汤，放入材料煮开，再加入盐、鸡精调味。
3. 最后以淀粉调水勾薄芡，淋上少许香油即可。

海带芽味噌汤

材料
盐渍海带芽35克，盒装豆腐150克，葱花5克

调料
水500毫升，酱油1茶匙，味噌30毫升，香油1/4茶匙

做法
1. 盐渍海带芽泡水5分钟，洗去盐水后，挤干切碎备用。
2. 盒装豆腐切丁；味噌加入50毫升水拌开成泥状。
3. 将450毫升水煮开，加入豆腐丁及海带芽，倒入酱油及味噌泥拌匀，煮开后关火，加入香油及葱花即可。

西红柿豆腐鱼汤

材料
西红柿2个，板豆腐2块，尼罗鱼1条，葱花1大匙，高汤800毫升

调料
盐1茶匙，胡椒粉1/2茶匙

做法
1. 板豆腐洗净切四方块；尼罗鱼洗净切段汆烫；西红柿洗净切块，备用。
2. 取锅，倒入高汤煮滚，加入尼罗鱼煮约5分钟，再加入西红柿块、板豆腐块煮滚约3分钟，最后放入盐、胡椒粉调味，并撒上葱花。

味噌豆腐鱼柳汤

材料
盒装豆腐1盒，鱼柳300克，葱花2大匙，味噌5大匙，柴鱼高汤800毫升

调料
料酒1大匙，水100毫升

做法
1. 鱼柳切小块；盒装豆腐取出后切成丁，备用。
2. 味噌加水，混合调匀备用。
3. 取锅，加入柴鱼高汤煮滚，放入鱼柳块和豆腐丁、味噌煮至再次滚沸，接着加入料酒略煮，撒上葱花即可。

花豆鲜鱼豆腐汤

材料
花豆30克，鲜鱼块200克，板豆腐1块，姜丝10克，葱花5克

调料
水500毫升，盐1/4茶匙，料酒2大匙，白胡椒粉1/4茶匙

做法
1. 花豆泡水约1小时，捞出沥干，放入电饭锅内，外锅加2杯水，蒸约40分钟至软；板豆腐洗净切块。
2. 鲜鱼块放入滚水中汆烫后，捞起沥干备用。
3. 将以上材料和姜丝放入锅中，加入所有调料，以小火煮约5分钟，再撒上葱花即可。

罗勒豆腐牡蛎汤

材料
罗勒20克，板豆腐3块，牡蛎300克，姜丝10克，葱末10克

调料
和风酱油1大匙，料酒1大匙，香油少许，水500毫升

做法
1. 板豆腐洗净切丁；牡蛎洗净，备用。
2. 锅中加水煮沸，加入豆腐、姜丝、葱末与其余调料煮沸，最后加入牡蛎与罗勒再度煮沸即可。

芥菜豆腐鲜鱼汤

材料
芥菜1个，板豆腐1块，鲈鱼1条（约800克），姜片20克

调料
盐1茶匙，胡椒粉1/2茶匙，料酒2大匙，水1200毫升

做法
1. 鲈鱼清理干净，将鱼身分切成多块备用。
2. 芥菜剥开洗净，切段状；板豆腐洗净切块状。
3. 取锅，加入2大匙色拉油，放入姜片煎香后，再放入鱼块小火煎至两面微焦黄。
4. 接着放入芥菜段、水和板豆腐块，以中小火煮约20分钟后，加入其余调料拌匀即可。

八珍豆腐煲

材料

蛋豆腐	1/2盒
虾仁	50克
鸡胗	3个
鸡肝	1副
乌贼	40克
泡发香菇	3朵
鲜鱼片	30克
大白菜	1/4个
姜末	1/2茶匙
蒜末	1/4茶匙
水	150毫升
葱段	适量

调料

A

蚝油	1大匙
酱油	1茶匙
白糖	1/2茶匙
盐	1/2茶匙
白胡椒粉	1/4茶匙
香油	1/2茶匙

B

水淀粉	1大匙

做法

1. 鸡胗洗净切花；鸡肝洗净切片；乌贼洗净切小块；泡发香菇洗净切片，将以上所有材料放入滚水中汆烫去杂质，捞出备用。

2. 大白菜洗净切大段，放入滚水中汆烫至软，捞出置砂锅底。

3. 蛋豆腐切成5等份，放入油锅中炸透，捞出。

4. 原锅留少许油，放入姜末、蒜末爆香，加入水与调料A调味，接着放入做法1的材料、鲜鱼片、虾仁与蛋豆腐煮约3分钟，以水淀粉勾芡，盛入砂锅中，最后放上葱段即可。

银耳豆腐汤

材料
干银耳5克，嫩豆腐1块，青豆仁10克

调料
水200毫升，淡色酱油1茶匙，味醂1茶匙，盐少许，香菇素2克

做法
1. 银耳泡水还原去粗蒂，放入滚水中汆烫1分钟，捞起切粗碎块；青豆仁入滚水汆烫后，捞起沥干；嫩豆腐切方块备用。
2. 将所有调料混合放入锅中拌匀，煮开后放入嫩豆腐块和银耳块，煮约5分钟，最后加入青豆仁即可。

味噌豆腐粥

材料
嫩豆腐1/2块，大米50克，水600毫升，香菇2朵，胡萝卜10克

调料
水100毫升，白味噌25毫升，味醂18毫升

做法
1. 白米洗净，加600毫升水煮成略呈稠状的粥。
2. 香菇、胡萝卜洗净切丝，入干锅烘干水分，再加入调料混合均匀。
3. 将香菇、胡萝卜、嫩豆腐放入粥中，用小火煮3~4分钟即可。

油豆腐煮粉条

材料
三角油豆腐4块，什锦虾丸6颗，冬粉2把，鸡高汤1/2罐，冬菜1茶匙，芹菜适量，水适量

调料
酱油1茶匙

做法
1. 芹菜洗净去叶切末；冬粉泡水软化沥干，备用。
2. 取一锅，加鸡高汤、调料及水煮至沸腾。
3. 放入冬菜及什锦虾丸、三角油豆腐煮熟后，放入冬粉煮熟即可。

清香豆腐

材料

厚片木棉豆腐1块，榨菜1克，姜末1/2茶匙，罗勒30克，红辣椒末少许

调料

Ⓐ 酱油膏1大匙，凉开水1大匙，白糖1/2茶匙 Ⓑ 香油1大匙

做法

① 厚片木棉豆腐擦干水分切成圆柱状，置于盘中；罗勒汆烫后切末；调料A拌匀成酱料备用。

② 将榨菜切末，与红辣椒末、姜末、罗勒末撒在木棉豆腐上，并淋上酱料，食用前，淋上香油即可。

拌四丝豆腐

材料

蛋豆腐1块（约200克），葱10克，嫩姜10克，蒜苗10克，红辣椒5克，香菜叶5克

调料

盐适量，醋20毫升，香油适量，酱油5毫升

做法

① 蛋豆腐洗净，切成等份的四方块，摆盘备用。

② 葱、嫩姜、蒜苗和红辣椒洗净切丝，再加入所有调料拌匀成酱汁；将四丝放在切块的蛋豆腐上，放上香菜叶，最后淋上酱汁即可。

葱油淋豆腐

材料

板豆腐2块，葱20克，培根10克，榨菜15克

调料

酱油2茶匙，凉开水2茶匙，白糖1/2茶匙

做法

① 板豆腐洗净，切去表面一层硬皮；葱、榨菜洗净沥干切丝；培根切丝；调料调匀成淋酱，备用。

② 将板豆腐泡入热水中约3分钟，沥干后铺上葱丝、培根丝、榨菜丝，淋上热色拉油，最后将淋酱淋在板豆腐上即可。

美味关键 淋在板豆腐上的色拉油要够热，葱的香气才比较香。

芝麻酱葱油豆腐

📋 材料
嫩豆腐1大块，叉烧肉100克，榨菜50克，葱2根

📋 调料
芝麻酱1茶匙，酱油2大匙，香油1茶匙，水1大匙，糖1/2茶匙

📋 做法
1. 嫩豆腐洗净以滚水汆烫一下，捞起沥干水分，静置待凉；所有调料搅拌均匀成酱汁备用。
2. 叉烧肉、榨菜、葱分别切丝，并依序放到豆腐上。
3. 取一中华炒锅，放入色拉油烧热，随即淋在豆腐上，再将酱汁淋入即可。

美味关键　如果怕太油，可在淋下油后将盘里的油倒掉。另外，用花生酱取代芝麻酱味道也不错！

鱼子豆腐

📋 材料
鱼子适量，蛋豆腐150克，小黄瓜片2小片

📋 调料
米醋2大匙，酱油1/2大匙，蚝油1大匙

📋 做法
1. 将所有调料混合拌匀，成淋酱备用。
2. 蛋豆腐洗净切成正方块，放至盘中，将淋酱从蛋豆腐边缘淋入，再摆上鱼子及小黄瓜片装饰即可。

韩式泡菜豆腐

📋 材料
韩式泡菜适量，嫩豆腐1盒，泡菜汁适量，葱丝适量，白芝麻适量

📋 做法
1. 将嫩豆腐洗净修平边缘，盛入器皿中。
2. 将韩式泡菜置于嫩豆腐上，并淋入适量泡菜汁。
3. 最后在泡菜上面放置葱丝，再撒上白芝麻即成。

椿芽拌豆腐

📋 材料
香椿芽20克，板豆腐2块，橄榄油2大匙

📋 调料
盐1/2茶匙，香菇粉1/2茶匙，白糖1/2茶匙

📋 做法

① 香椿芽洗净，挑除老梗，以纸巾吸干水分，备用。

② 板豆腐洗净切小块，泡入热盐水中（分量外），静置约5分钟后捞出，沥干水分，摆盘备用。

③ 香椿芽用刀剁成极碎状，加入橄榄油及所有调料拌匀成淋酱，淋在板豆腐块上即可。

药膳豆腐

📋 材料
何首乌20克，西洋参5克，嫩豆腐1大块，蟹味菇1大朵，纳豆30克，葱适量，姜末1茶匙，蒜末1茶匙，水少许

📋 调料
辣豆瓣酱2大匙，酱油1大匙，白糖1茶匙，香油2大匙，绍兴酒2大匙

📋 做法

① 嫩豆腐、蟹味菇分别以滚水汆烫一下，捞起沥干水分，备用；将何首乌、西洋参与少许水一起放入电饭锅里，蒸约20分钟后取出，放凉备用。

② 纳豆、葱末、姜末、蒜末、辣豆瓣酱、绍兴酒及香油一同拌炒放凉；取5大匙药汁与上述材料拌匀，再加入酱油、白糖一起搅拌均匀。

③ 嫩豆腐摆盘，先放上蟹味菇，再淋上酱汁即可。

萝卜泥豆腐

材料
胡萝卜泥适量，板豆腐1块，绿豆芽100克，熟竹笋200克

调料
鲜美露2大匙，七味粉适量

做法

❶ 板豆腐洗净切块，放入沸水中汆烫15秒，沥干排入盘中备用；熟竹笋切块，摆入盘中备用；绿豆芽放入沸水中烫熟，沥干摆入盘中备用。

❷ 所有调料加入胡萝卜泥混合，淋在豆腐上即可。

芝麻酱豆腐

材料
嫩豆腐1大块，蒜香花生（去皮）30克，葱丝适量，红辣椒适量

调料
酱油1大匙，芝麻酱1大匙，水2大匙，香醋1大匙，盐1/2茶匙，白糖1茶匙，辣油2大匙，花椒粉适量

做法

❶ 嫩豆腐洗净横切成厚片，摆盘备用。

❷ 热油锅，放入猪肉末、酱油炒香即起锅，沥干油分；蒜味花生以大汤匙碾碎；红辣椒洗净切丝备用。芝麻酱与水调匀；镇江香醋与酱油、盐、白糖调匀，成调味酱汁备用。

❸ 将做法2的材料及葱丝放至豆腐片上，再淋上调味酱汁，最后淋上辣油及花椒粉即可。

备注：这是一道四川口味的料理，若不喜爱辣味的读者，可依个人喜好酌量料理。

银鱼拌豆腐

材料
蛋豆腐2块，银鱼20克，蒜苗（或葱）适量，红辣椒1/2个

调料
Ⓐ 白胡椒粉1/2茶匙 Ⓑ 盐1/2茶匙，鸡精少许，酱油1茶匙，水50毫升

做法
❶ 银鱼洗净沥干；蒜苗、红辣椒洗净切末；蛋豆腐洗净切块，备用。

❷ 热锅，不放油，放入银鱼以小火干炒至香，加入葱末、红辣椒末及白胡椒粉炒香备用。所有调料B混合后煮匀成淋酱备用。

❸ 将豆腐块放入盘中，撒上银鱼，最后淋上淋酱即可。

水果豆腐西红柿盅

材料
猕猴桃60克，草莓40克，西红柿1个，蛋豆腐80克

调料
炼乳30毫升

做法
❶ 西红柿洗净，切去头部，挖空去籽备用。

❷ 将猕猴桃去皮，和草莓、蛋豆腐都切成四方小丁备用。将水果和蛋豆腐放入西红柿盅里。将西红柿盅盛盘后，最后淋上炼乳即可。

 美味关键 　炼乳如果先和水果一起拌，会容易出水而影响风味和口感，所以一定要最后才淋。

西红柿蛋豆腐盘

📋 **材料**

西红柿1个，蛋豆腐1块（约200克），罗勒叶2片

🧂 **调料**

盐适量，黑胡椒粉适量，橄榄油适量

🍳 **做法**

1. 将西红柿洗净，横切成圆片；蛋豆腐洗净切成约1厘米的四方片状备用。
2. 罗勒叶洗净切丝备用。
3. 摆盘时，将一片蛋豆腐叠上一片西红柿片，重复此做法直到材料用尽。最后撒上盐、黑胡椒粉，淋上橄榄油，撒上罗勒丝即可。

莎莎酱拌嫩豆腐

📋 **材料**

嫩豆腐1块（约150克），西红柿丁60克，洋葱末20克，香菜碎5克，红辣椒末3克，小豆苗5克

🧂 **调料**

盐适量，白胡椒粉适量，橄榄油30毫升，柠檬汁10毫升

🍳 **做法**

1. 将嫩豆腐洗净切成6小块，盛盘备用。
2. 将西红柿丁、洋葱末、香菜碎、红辣椒末和所有调料放入容器中混合均匀，即为莎莎酱。混合好的莎莎酱淋在嫩豆腐上，最后放上小豆苗装饰即可。

茄汁拌豆腐

📋 **材料**

嫩豆腐1大块，猪肉馅100克，香菜1棵

🧂 **调料**

茄汁酱1大匙

🍳 **做法**

把嫩豆腐洗净切成小丁状；香菜洗净切碎备用。锅烧热，加入1大匙色拉油，加入猪肉馅以中火先爆香，再加入嫩豆腐丁与茄汁酱搅拌均匀，最后撒上香菜碎即可。

茄汁酱

材料： 西红柿丁适量，罐头菠萝丁适量，红辣椒末适量，蒜末适量，葱末适量，西红柿酱1大匙，料酒1大匙，醋1大匙，白糖1茶匙，香油1茶匙

做法： 所有材料搅拌均匀，再静置约30分钟即可。

香芒鲜虾豆腐

材料
鲜虾3只，蛋豆腐1块

调料
芒果丁20克，香菜碎5克，红辣椒末（去籽）5克，柠檬汁60毫升，橄榄油180毫升，盐适量，白胡椒粉适量

做法
❶ 取一盘，将蛋豆腐洗净后切四方形排盘备用。
❷ 鲜虾洗净，用滚水汆烫至熟后捞起、去壳，排放于豆腐上备用。取一碗，放入所有调料拌匀后淋于鲜虾上即可。

皮蛋青辣椒豆腐

材料
皮蛋1个，青辣椒3个，嫩豆腐1盒，香菜2棵

调料
酱油膏1茶匙，白糖1茶匙，香油1茶匙

做法
❶ 皮蛋去壳，切碎；嫩豆腐去水，切碎状；青辣椒和香菜洗净切碎，备用。
❷ 取一容器，将以上材料依序加入，最后加入所有调料轻轻搅拌均匀即可。

豆腐泥拌菌菇

材料
Ⓐ 板豆腐70克，毛豆仁20克 Ⓑ 香菇15克，金针菇15克，蟹味菇15克，鲍鱼菇15克，黑木耳15克

调料
美奶滋50克，七味粉适量，白糖1/2大匙，盐1/3茶匙

做法
❶ 板豆腐汆烫2分钟，泡冷水冷却后，用重物沥干水分，再用筛网压成泥状，加入调料混合拌匀至细致润滑即可。
❷ 材料A的毛豆仁洗净，放入加有少许盐（分量外）的滚水中汆烫呈翠绿色后，泡冷水冷却备用。将材料B全部洗净，汆烫沥干后切成细条状备用。
❸ 将做法1和做法2的材料混合均匀即可。

日式冷豆腐

📋 材料
嫩豆腐1块，姜末适量，葱花适量，柴鱼片（细）适量，海苔丝适量

🧂 调料
水150毫升，柴鱼素1/2茶匙，酱油1大匙，味醂1/2大匙，料酒3大匙

🍳 做法
① 将所有调料混合成淋酱，以小火煮开即可熄火，待凉后冷藏备用。
② 将嫩豆腐盛于盘中，食用时依个人喜好将姜末、葱花、柴鱼片、海苔丝置于豆腐上，再淋上淋酱即可。

红豆椰浆豆腐

📋 材料
蛋豆腐1块（约150克），红豆沙100克

🧂 调料
椰浆适量，水适量，白糖少许

🍳 做法
① 将蛋豆腐洗净切成等份四方块，放入容器中，放入冰箱冷藏至冰凉。
② 取锅放入红豆沙、水和白糖拌匀，以小火煮开，待凉备用。
③ 将红豆沙淋在蛋豆腐上，最后淋上椰浆即可。

柚香红糖蜜豆腐

📋 材料
柚子果酱适量，蛋豆腐1块

🧂 调料
水50毫升，白糖10克，红糖35克，蜂蜜10毫升，水麦芽15克

🍳 做法
① 蛋豆腐洗净放入滚水中汆烫2分钟后捞起沥干，用汤匙斜刮成大片状，盛入容器中备用。
② 将水、白糖和红糖混合，放入锅中煮至均匀，待冷却后加入蜂蜜和水麦芽拌匀即为红糖蜜。
③ 将红糖蜜淋入容器中，最后加入柚子果酱即可。

PART 3

热门美味
豆干料理

豆干也是豆腐的一种，制作过程与豆腐相似，差别在于制作豆干的过程中在最后会经过脱水、加压，将豆腐制成口感较紧实的豆干。市面上常见的豆干大多为五香豆干以及白豆干，用来炒、卤、炸、凉拌都很美味。

卤豆干

📋 **材料**
卤包1份，豆干600克，干辣椒1个，香油少许

🧂 **调料**
白糖55克，酱油75毫升

🍳 **做法**
① 豆干洗净用滚水氽烫后，捞起沥干备用。
② 锅中加入色拉油、白糖、酱油烧热，煮至白糖融化时，加入卤包、干辣椒及豆干，用小火卤至收汁（约1小时），最后淋入香油即可。

蜜汁豆干

📋 **材料**
黑豆干2块（约240克），白芝麻10克

🧂 **调料**
水500毫升，醋20毫升，酱油50毫升，味醂50毫升，白糖30克

🍳 **做法**
① 取一汤锅，放入所有调料煮开备用。
② 另取平底锅，倒入少许色拉油，放入黑豆干双面煎至有香味，再放入卤汁中，煮至汤汁收干。
③ 将卤豆干切成片状，最后撒上白芝麻即可。

五香小豆干

📋 **材料**
小豆干900克

🧂 **调料**
酱油80毫升，白糖60克，盐少许，料酒1大匙，色拉油60毫升，水150毫升

🌿 **香料**
桂皮5克，月桂叶3片，八角2粒，胡椒粒10克，干辣椒3个

🍳 **做法**
① 将小豆干洗净，放入沸水中煮约2分钟，再捞起沥干备用。
② 热锅，加入所有香料、调料煮至均匀，再加入小豆干，用小火慢慢卤至汤汁收干即可。

烟熏豆干

材料
豆干　　　　20片
冰镇卤汁　　2000毫升

调料
白糖　　　50克
红茶末　　5克
香油　　　1大匙

做法
1. 将冰镇卤汁以大火煮至滚沸，放入豆干以小火续滚约3分钟，熄火加盖浸泡约30分钟后取出。
2. 取一中华锅，先铺上一层铝箔纸，撒上白糖及红茶末拌匀，放上铁网架并于网架上放置豆干，盖上锅盖，以中火加热至锅边冒烟，改小火续焖约5分钟后熄火，再闷约2分钟。
3. 豆干均匀刷上香油，放入保鲜盒中，放入冰箱冷藏即可。

冰镇卤汁

材料：葱段适量，姜片50克，蒜40克，卤包1包，水3000毫升，酱油800毫升，白糖200克，料酒50毫升

做法：葱段、姜片和蒜洗净拍扁。热锅加入3大匙色拉油烧热，加入葱段、姜片和蒜以小火爆香，再加入其余材料，以大火煮滚再改小火续滚约10分钟即可。

墨鱼炒豆干

材料
长形豆干300克，墨鱼200克，蒜苗1根，芹菜1棵，红辣椒1个，姜末5克，蒜末5克

调料
盐1/4茶匙，鸡精1/2茶匙，白糖1/4茶匙，酱油1/2大匙，醋1大匙，料酒1大匙

做法
1. 长形豆干洗净切条状；墨鱼洗净切条状，蒜苗、芹菜洗净切段；红辣椒洗净切丝。
2. 豆干条放入热油锅中炸一下，捞出沥油；将墨鱼条过油后马上捞起，沥油备用。
3. 锅留余油烧热，放入姜末与蒜末以中火爆香，再加入蒜苗段与红辣椒丝，炒至香味四溢；放入豆干条和墨鱼条、芹菜段及所有调料，以中火拌炒入味即可。

豆豉萝卜炒豆干

材料
豆豉20克，白萝卜干粒100克，方块豆干120克，红辣椒末20克

调料
盐适量，料酒少许，红油10毫升，香油10毫升

做法
1. 锅烧热，倒入1大匙色拉油，放入豆豉、白萝卜干粒和红辣椒末炒香。
2. 加入方块豆干拌炒至入味，再加入盐和料酒拌匀，最后加入红油和香油即可。

丁香鱼炒豆干

材料
丁香鱼100克，豆干5块，红辣椒1个

调料
蒜适量，盐1/4茶匙，白糖1/2茶匙，酱油1茶匙，水50毫升

做法
1. 将每块豆干洗净横切成2片，再切成0.5厘米宽的条状；红辣椒洗净切丝；蒜洗净切末，备用。
2. 将丁香鱼洗净后泡水，泡到变软后沥干。
3. 取锅烧热后，放入1大匙色拉油，转小火放入切好的豆干与沥干的丁香鱼炒3分钟；放入蒜末炒30秒，再加入红辣椒丝及所有调料，继续翻炒至水分收干即可。

雪里红炒豆干

材料
雪里红220克，豆干160克，红辣椒10克，姜10克，葵花籽油2大匙

调料
盐1/4茶匙，白糖少许，香菇粉少许

做法
1. 雪里红洗净切丝；豆干洗净切丁，备用。
2. 红辣椒洗净切细段；姜洗净切末，备用。
3. 热锅倒入葵花籽油，爆香姜末，放入红辣椒段、豆干丁拌炒至微干；再放入雪里红和所有调料炒至入味，即可盛盘。

青豆炒豆干

材料
青豆仁300克，五香豆干5块，红辣椒末1/2茶匙

调料
盐1茶匙，白糖1/4茶匙，鸡精1/2茶匙

做法
1. 五香豆干洗净切四方丁备用；青豆仁洗净，放入滚水中，氽烫捞起备用。
2. 锅烧热，倒入2大匙色拉油，放入红辣椒末爆香，加入豆干丁炒至焦黄。
3. 再放入青豆仁续炒；最后加入所有的调料，以中火拌均匀即可。

客家炒豆干

材料
五花肉300克，干鱿鱼1只，豆干5块，芹菜段少许，蒜苗段少许，蒜片7片，红辣椒片少许

调料
酱油膏1大匙，白胡椒粉少许，白糖1茶匙，香油1茶匙，料酒1大匙

做法
1. 五花肉洗净去皮后切小块；干鱿鱼泡发后切段；豆干洗净切片，备用。
2. 热锅加1大匙色拉油，放入五花肉块煸炒至略变色，加入豆干片及鱿鱼段炒香。
3. 加入红辣椒片及蒜片拌炒，再加入酱油膏、白胡椒粉及料酒、白糖炒匀；加入芹菜段及蒜苗段翻炒，最后淋入香油起锅即可。

腐乳豆干鸡

📋 材料

豆干	4片
去骨鸡腿排块	适量
马铃薯	1个
胡萝卜	30克

🧂 调料

蒜味腐乳酱	2大匙
水	适量

📖 做法

① 马铃薯和胡萝卜洗净，去皮切小块；豆干洗净切小块。

② 锅中加少许色拉油，放入上述材料和鸡腿排块，以中火先爆香；再加入调料炒均，盖上锅盖以中火焖煮至食材熟软即可。

蒜味腐乳酱

材料： 蒜末适量，姜末适量，葱末适量

调料： 豆腐乳2块，香油1茶匙，白糖1茶匙，辣油1茶匙，开水150毫升，水淀粉适量

做法： 热锅，加入1茶匙色拉油，加入蒜末、姜末、葱末爆香，再加入所有调料煮滚，最后以水淀粉勾薄芡即可。

红椒四季豆炒豆干

材料
四季豆120克，豆干丝60克，红甜椒丝20克，姜丝5克，红辣椒丝10克

调料
盐1茶匙，白糖1/4茶匙，白胡椒1/2茶匙，香油1大匙

做法
1. 四季豆洗净切段状和豆干丝分别用滚水汆烫，沥干备用。
2. 热锅，将红辣椒丝、姜丝、红甜椒丝放入锅中炒香，再加入上述材料和所有调料拌炒均匀即可。

回锅肉炒豆干

材料
猪五花肉（熟）300克，豆干片300克，蒜末10克，葱段50克，红辣椒片10克

调料
酱油1大匙，酱油膏1/2大匙，盐少许，白糖1/2茶匙，白胡椒粉少许

做法
1. 熟五花肉切片；葱段分葱白及葱绿，洗净备用。
2. 热锅加入2大匙色拉油，放入肉片炒1分钟，再放入蒜末、葱白和豆干片炒香。
3. 放入所有调料拌炒入味，再放入红辣椒片和葱绿拌炒均匀即可。

海带丝炒白干丝

材料
白干丝200克，海带丝150克，胡萝卜30克，姜末10克，蒜末10克

调料
淡酱油1大匙，盐1/4茶匙，鸡精1/4茶匙，白糖少许，乌醋1大匙，料酒1/2茶匙，香油少许

做法
1. 白干丝和海带丝洗净沥干，切段；胡萝卜洗净切丝。
2. 将海带丝放入滚水中汆烫一下即捞出沥干，备用。
3. 热锅，放入2大匙色拉油烧热，将蒜末和姜末以中火爆香，放入胡萝卜丝拌炒；再放入海带丝和白干丝拌炒数下，加入所有调料炒至入味，最后淋上香油即可。

蒜苗培根炒豆干

材料

厚豆干300克，培根80克，蒜苗2根，红辣椒1个，蒜末5克

调料

盐1/4茶匙，白糖1/4茶匙，鸡精少许，酱油1/2茶匙，料酒1大匙

做法

1. 厚豆干洗净切片；培根切片；蒜苗分头尾部，洗净切片；红辣椒洗净切片。

2. 取厚豆干片，放入热油锅中以中火炸至微焦，捞出沥油，备用。

3. 锅留余油烧热，将蒜末以中火爆香，再放入蒜白部分、红辣椒片和培根片炒至香味四溢；续加入所有调料、蒜尾部分及厚豆干片，以中火拌炒均匀即可。

XO酱豆干

材料

官印豆干3块，芦笋50克，玉米笋50克，胡萝卜25克，红辣椒1个，蒜末10克

调料

蚝油1茶匙，XO酱2大匙，鸡精1/2茶匙，料酒1大匙

做法

1. 官印豆干洗净切片；芦笋、玉米笋洗净切段；胡萝卜、红辣椒洗净切片。

2. 将芦笋段、玉米笋段和胡萝卜片放入滚水中氽烫一下，捞起沥干，备用。

3. 热锅，放入2大匙色拉油烧热，放入官印豆干片以中火煎至上色，再放入蒜末和红辣椒片炒至香味四溢。

4. 续放入芦笋段、玉米笋段和胡萝卜片及所有调料，拌炒入味即可。

马铃薯咖喱豆干

材料
厚豆干条200克，马铃薯条250克，青豆仁30克，猪肉丝50克，蒜末10克，高汤250毫升

调料
咖喱粉1茶匙，面粉1茶匙，盐1/4茶匙，鸡精1/2茶匙

腌料
盐少许，淀粉1/2茶匙，料酒1茶匙

做法

1. 厚豆干条和马铃薯条，分别放入热油锅中过油，捞起沥油；猪肉丝加入腌料腌10分钟，放入热油锅中过油，捞起沥油。

2. 锅留余油，放入蒜末以中火爆香，再加入咖喱粉和面粉炒至香味四溢。

3. 锅中加入豆干条和马铃薯条及高汤，以中火煮至滚沸时，加入青豆仁、猪肉丝和盐、鸡精以小火煮至入味即可。

芹菜肉丝炒豆干

材料
豆干丝150克，猪肉丝100克，葱段20克，红辣椒丝20克，蒜末10克，芹菜段30克

调料
Ⓐ 水100毫升，盐1/2茶匙，酱油1大匙，料酒1大匙，白胡椒粉1/2茶匙 Ⓑ 水淀粉1茶匙，香油1大匙

腌料
盐适量，白胡椒粉适量，淀粉适量

做法

1. 猪肉丝加入腌料腌10分钟；豆干丝入油锅以中小火炸2分钟，捞起沥油。

2. 锅留余油，将猪肉丝炒至六分熟，加入其余材料（豆干丝除外）以大火炒匀，再放入豆干丝，加入调料A炒匀，续加入调料B拌匀即可。

肉丁炒豆干丁

材料
豆干丁300克，梅花肉200克，蒜香花生80克，蒜末10克，红辣椒末15克，香菜适量

调料
酱油2大匙，白糖1/2大匙，五香粉少许，肉桂粉少许，胡椒粉1/4茶匙，料酒1大匙

做法
1. 梅花肉洗净切小丁；香菜洗净，备用。
2. 热锅，放入2大匙色拉油烧热，放入蒜末和红辣椒末以中火爆香，再放入梅花肉丁拌炒至颜色变白。
3. 续放入豆干丁拌炒，再放入所有调料以小火炒至入味收干酱汁，最后加蒜味花生炒匀，盛盘放上香菜即可。

八宝辣酱

材料
猪肉丁100克，豆干丁80克，榨菜丁50克，青豆仁50克，鸡腿肉丁100克，胡萝卜丁50克，香菇丁30克，虾米20克，蒜末10克

调料
辣豆瓣4大匙，甜面酱1大匙，料酒2大匙，白糖2茶匙，水200毫升，水淀粉2茶匙，香油2茶匙

做法
1. 烧一锅水，将榨菜丁、青豆仁、胡萝卜丁余烫后冲凉。
2. 热锅倒入少许色拉油，放入鸡肉丁、猪肉丁、豆干丁、虾米及蒜末炒散，再加入辣豆瓣酱及甜面酱炒香后，加入水及榨菜丁、胡萝卜丁、香菇丁、青豆仁炒匀。
3. 续加入白糖、料酒，略煮至汤汁呈稠状后，用水淀粉勾薄芡，洒上香油即可。

素香菇炸酱

材料
干香菇蒂80克，豆干100克，姜30克，芹菜50克

调料
豆瓣酱2大匙，甜面酱3大匙，白糖1大匙，水300毫升，香油2大匙

做法
1. 干香菇蒂泡水约30分钟，至完全软化后捞起沥干，放入调理机中打碎取出备用。
2. 豆干洗净切小丁；姜和芹菜洗净切末，备用。
3. 锅烧热，倒入色拉油，以小火爆香姜末及芹菜末，加入香菇蒂碎和豆干丁炒至干香。
4. 续加入豆瓣酱及甜面酱，略炒香后加入白糖和水，煮至滚沸后转小火续煮约5分钟至浓稠，最后加入香油即可。

香菜梗炒豆干丝

材料
香菜梗50克，豆干200克，猪肉丝100克，红辣椒丝10克，蒜末10克

调料
酱油1大匙，盐少许，白糖1/2茶匙，料酒1大匙，胡椒粉少许

腌料
酱油少许，料酒1茶匙，淀粉少许

做法
1. 先将猪肉丝与腌料混合拌匀。
2. 豆干洗净切丝；香菜梗洗净切段备用。
3. 猪肉丝放入油锅中稍微过油后捞出；豆干放入油锅中炸约1分钟后，捞出沥油。
4. 锅留余油，放入蒜末、红辣椒丝爆香，加入猪肉丝、豆干丝拌炒，再加入香菜梗、调料，炒至所有材料入味即可。

韭菜花炒豆干

材料

韭菜花150克，白豆干200克，虾米30克，蒜末10克

调料

盐1/4茶匙，鸡精1/2茶匙，料酒1/2大匙，胡椒粉少许

做法

1. 白豆干洗净切条；韭菜花洗净，切段；虾米洗净，以冷水浸泡5分钟，捞出沥干（水保留备用），备用。

2. 热锅，放入2大匙色拉油烧热，放入蒜末和虾米以中火爆香，再加入白豆干条炒至香味四溢。

3. 续放入韭菜花拌炒均匀后，加入泡虾米的水，再倒入所有调料，拌炒均匀且入味即可。

青辣椒炒豆干丝

材料

青辣椒丝160克，豆干丝150克，黄椒丝30克，胡萝卜丝30克，蒜末10克

调料

盐1/4茶匙，白糖少许，热水50毫升，鸡精少许，胡椒粉少许，淡酱油少许

做法

1. 豆干丝洗净备用。

2. 热锅，放入1大匙色拉油，爆香蒜末，再放入胡萝卜丝、豆干丝以中火炒一下。

3. 再加入青辣椒丝、黄椒丝、所有调料，快炒至入味即可。

什锦素菜炒豆干

📋 **材料**
豆干丝20克，干金针花10克，绿豆芽20克，黑木耳丝15克，胡萝卜丝30克，竹笋丝20克，姜末1/2茶匙

📋 **调料**
盐1/2茶匙，香油1茶匙

📋 **做法**
① 将所有材料（姜末除外）洗净、沥干，备用。
② 热锅，放入2大匙色拉油，爆香姜末，再加入所有材料及所有调料，以小火炒约5分钟即可。

芹菜炒官印豆干

📋 **材料**
大黄色官印豆干1个，芹菜2根，蒜2瓣

📋 **调料**
盐1茶匙，白糖1/2茶匙

📋 **做法**
① 豆干洗净切条备用。
② 芹菜去叶切段洗净备用。
③ 起油锅，爆香蒜片，放入豆干条炒干；再放芹菜段及调料略炒后，即可食用。

糖醋豆干

📋 **材料**
豆干4块，青辣椒10克，红甜椒10克，黄椒10克，洋葱10克，葱花少许

📋 **调料**
西红柿酱1大匙，醋1大匙，白糖2大匙，盐少许

📋 **做法**
① 豆干洗净切斜片；青辣椒、红甜椒、黄椒洗净去籽切片；洋葱去皮切片，备用。
② 热锅，加入少许色拉油，放入豆干片炒至表面酥干金黄。
③ 再加入所有调料和其余材料，炒至入味，撒上葱花即可。

蒜苗辣炒豆干丁

材料
黑豆干3块，蒜苗100克，红辣椒20克，蒜末10克

调料
辣豆瓣酱1.5大匙，盐1/4茶匙，白糖1/2茶匙，酱油少许，料酒1大匙，醋1茶匙

做法
1. 黑豆干洗净切丁；蒜苗洗净切小段；红辣椒洗净切圈，备用。
2. 热锅加入2大匙色拉油，放入黑豆干丁炒至微焦，放入蒜末爆香。
3. 放入红辣椒圈、蒜苗炒香，加入调料炒至入味即可。

胡椒豆干

材料
豆干120克，葱花10克，蒜末10克，红辣椒末5克

调料
白胡椒粉20克

做法
1. 将豆干洗净切成大片状备用。
2. 烧热油锅，放入豆干片炸成酥脆状，捞起备用。
3. 锅留余油，炒香蒜末和红辣椒碎，再放入炸豆干片拌匀；最后加入白胡椒粉和葱花拌匀即可。

酱爆豆干丁

材料
五香豆干250克，猪瘦肉200克，蒜片15克，洋葱片15克，青辣椒片15克，葱花15克，红辣椒片15克

调料
Ⓐ 酱油1大匙，豆瓣酱1茶匙，酱油膏1大匙，料酒1/2大匙，白糖1茶匙 Ⓑ 酱油1茶匙，白糖少许，淀粉少许

做法
1. 五香豆干与猪瘦肉分别洗净切丁，猪瘦肉丁放入调料B腌10分钟。
2. 锅烧热后倒入适量色拉油，将腌过的猪瘦肉丁过油后捞出，再放入五香豆干丁略炸捞出。
3. 锅留余油，放入蒜片、洋葱片爆香，加入猪瘦肉丁略炒，再加入五香豆干丁与所有调料A炒至入味，最后加入青辣椒片、葱花、红辣椒片拌炒均匀即可。

橘酱肉片豆干

材料

豆干120克，猪肉片60克，姜丝10克，蒜片10克，葱段20克，红辣椒片5克

调料

Ⓐ 酱油1大匙，料酒1/2茶匙，水少许，橘酱2大匙，白糖少许，白胡椒粉少许 Ⓑ 水淀粉少许

做法

① 豆干洗净切成大片状备用。

② 锅烧热，倒入少许色拉油，放入蒜片、葱段、姜丝和红辣椒片炒香。

③ 续加入猪肉片和豆干片拌炒均匀。

④ 再慢慢加入调料A拌炒，最后加入水淀粉勾芡即可。

辣豆瓣炒豆干

材料

黑豆干1块，猪肉丝100克，葱段适量，蒜末1茶匙，葱末1茶匙

调料

白糖1/2茶匙，盐1/4茶匙，水2大匙，辣豆瓣酱1大匙

腌料

酱油1大匙，料酒1茶匙，淀粉1茶匙

做法

① 猪肉丝以腌料腌约10分钟；豆干洗净，剖半切丝备用。

② 起油锅，将猪肉丝先过油，捞起沥干。另起油锅，放入葱末、蒜末及辣豆瓣酱爆香；先放豆干丝及猪肉丝，并加调料炒至收汁。

③ 再放入葱段拌炒，盛盘食用即可。

牛肉炒干丝

材料
牛肉80克，宽干丝100克，红辣椒50克，葱50克，姜30克

调料
Ⓐ 淀粉1茶匙，酱油1茶匙，蛋白1大匙 Ⓑ 酱油3大匙，白糖1大匙，水5大匙，香油1茶匙

做法
1. 牛肉洗净切丝，与调料A混合拌匀，腌约15分钟备用。
2. 红辣椒洗净去籽后切丝；葱和姜洗净切丝备用。
3. 热锅，加入2大匙色拉油，放入牛肉丝，大火快炒至表面变白即可捞起。
4. 热锅后加入1大匙色拉油，以小火爆香红辣椒丝、葱丝和姜丝后，再放入宽干丝、酱油、白糖和水，以中火炒约30秒后，加入牛肉丝炒至汤汁略收干，淋入香油即可。

梅花烧肉豆干

材料
豆干300克，梅花肉600克，葱1根

调料
酱油100毫升，水500毫升，白糖3茶匙，八角3~4颗

做法
1. 梅花肉洗净切块备用。
2. 豆干洗净切成长条状。
3. 起油锅，将梅花肉块炒至金黄色。
4. 加入调料及豆干，煮开后盖上锅盖，转小火煮30分钟，留少许汤汁即可。

鸡翅烧豆干

材料

小豆干200克，鸡翅5个，香菇5朵，葱3根，红辣椒1个，高汤200毫升

调料

酱油2大匙，酱油膏1/2大匙，冰糖1大匙，料酒1大匙

做法

1. 葱（分葱白和葱尾）和红辣椒切段；香菇泡水至软，捞起沥干切对半。
2. 煮一锅水至滚沸，放入洗净的鸡翅汆烫去血水，捞起沥干。
3. 热锅，放入2大匙色拉油烧热，放入葱白部分、红辣椒段及泡软的香菇以中火爆香。
4. 加入鸡翅、小豆干和所有的调料，拌炒均匀，再倒入高汤烧煮约10分钟，待汤汁微干，加入葱尾部分拌炒数下即可。

嫩蛋拌豆干

材料

五香豆干3块（约90克），鸡蛋2个，鲜奶20毫升，生菜20克，红甜椒丝20克，香菜叶5克

调料

盐少许，白胡椒粉少许

做法

1. 五香豆干洗净，横切一半变成薄片；生菜洗净剪小片。
2. 锅烧热，倒入适量色拉油，放入五香豆干片，煎至两面上色捞起备用。
3. 鸡蛋打散，加入鲜奶、调料打匀，放入锅中炒至微熟。
4. 将五香豆干排盘，依序放上生菜片，和炒好的嫩蛋。
5. 最后以红甜椒丝和香菜叶装饰即可。

凉拌豆干丝

📋 **材料**

豆干丝200克，芹菜70克，胡萝卜40克，黑木耳25克，红辣椒丝10克，蒜末10克

🧂 **调料**

盐1/4茶匙，鸡精1/4茶匙，白糖1/2茶匙，醋1茶匙，香油1大匙

🍳 **做法**

❶ 将豆干丝放入沸水中氽烫一下，捞出待凉备用。

❷ 芹菜洗净切段；胡萝卜洗净去皮切丝；黑木耳洗净切丝，前述材料分别放入沸水中氽烫，再捞出泡冰水备用。取一大碗，放入所有材料及调料，搅拌均匀即可。

凉拌豆干

📋 **材料**

小豆干120克，蒜味花生80克，葱花20克，香菜末5克，姜末5克，红辣椒末3克，蒜末5克

🧂 **调料**

酱油50毫升，醋25毫升，白糖适量，香油少许

🍳 **做法**

❶ 将小豆干洗净放入滚水中，氽烫过水捞起备用。

❷ 将所有调料放入容器中拌匀备用。

❸ 将豆干和其余材料放入容器中拌匀即可。

凉拌海带豆干丝

📋 **材料**

海带丝200克，豆干丝100克，红辣椒丝10克，姜末10克，蒜末10克

🧂 **调料**

盐1/4茶匙，白糖1/4茶匙，酱油1茶匙，醋1茶匙，香油1大匙

🍳 **做法**

❶ 海带丝洗净切段；豆干丝洗净，备用。

❷ 煮一锅滚沸的水，放入海带丝氽烫约2分钟，捞出沥干水分；于原锅中放入豆干丝略为氽烫，捞出沥干水分。

❸ 取海带丝段和豆干丝放入大碗中，加入红辣椒丝、姜末、蒜末及所有调料拌匀；冷却后放入冰箱冷藏约1小时，食用前取出即可。

辣拌豆干丁

材料
黑豆干2块，红辣椒末15克，姜末10克，香菜叶5克

调料
辣豆瓣酱1大匙，酱油膏1大匙，酱油1茶匙，白糖1/2茶匙，辣油1茶匙，香油少许

做法
1. 将黑豆干洗净，放入蒸锅中蒸5分钟，取出切丁。
2. 将黑豆干丁放入容器中，加入所有调料拌匀，放置5分钟。
3. 放入红辣椒末、姜末和香菜叶拌匀即可。

凉拌绿豆芽豆干

材料
绿豆芽60克，五香豆干80克，红甜椒20克，香菜叶5克

调料
盐适量，白胡椒粉适量，醋少许，香油少许

做法
1. 五香豆干洗净切成长条；红甜椒洗净切细长条备用。
2. 将绿豆芽去头尾，洗净后放入滚水中，汆烫后过水捞起备用。
3. 将以上材料混合，再加入香菜叶和所有调料拌匀即可。

韩味辣豆干

材料
大豆干6片，葱1根，蒜瓣3颗

调料
韩国辣椒酱1大匙，韩国辣椒粉1茶匙，香油1大匙

做法
1. 先将大豆干洗净，切片汆烫。
2. 葱、蒜洗净切末备用。
3. 取一个盆子，将所有调料倒入，加少许开水调匀；加入葱末、蒜末和豆干，拌匀即可。

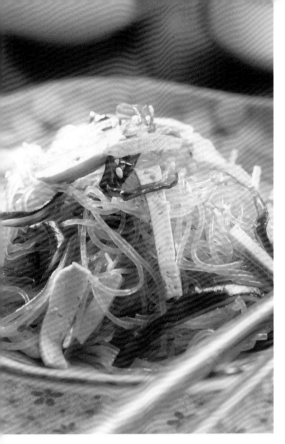

粉丝拌豆干丝

材料
五香豆干2片，龙口粉丝1把，黑木耳1片，白芝麻适量

调料
鲜美露3大匙，姜末1茶匙

做法
1. 五香豆干洗净，剖半切丝、汆烫沥干，备用。
2. 粉丝泡水10分钟至软化，之后烫熟沥干。
3. 黑木耳洗净，切丝汆烫沥干。取一盆子，放入豆干丝、粉丝、黑木耳丝；加入调料搅拌均匀，撒上白芝麻放凉食用。

泡菜肉末豆干

材料
韩式泡菜块160克，猪肉馅80克，小豆干120克

调料
酱油30毫升，料酒10毫升，水60毫升

做法
1. 锅烧热，倒入1大匙色拉油，放入猪肉馅炒香。
2. 加入小豆干和泡菜块拌炒；再慢慢加入料酒、水和酱油焖煮约10分钟即可。

> **美味关键** 在料理小豆干时，因为其质地较结实，最好用酱汁烩煮至少10分钟，才会比较入味。

柠香咖喱鸡豆干

材料

小豆干100克，鸡腿肉块（去皮）250克，姜末20克，蒜末20克，香菜叶20克

调料

咖喱粉20克，酱油15毫升，水150毫升，柠檬汁5毫升，酸奶60毫升，盐适量，白胡椒粉适量

做法

① 锅烧热，倒入1大匙色拉油，放入鸡块煎上色捞起，再加入小豆干煎至上色捞起备用。

② 在锅中放入姜末、蒜末和咖喱粉炒香，再加入水、酱油和上述材料，烩煮约10分钟。加入盐和白胡椒粉调味，再拌入酸奶调匀。

③ 最后放入柠檬汁和香菜叶拌匀即可。

培根黑豆干

材料

黑豆干2片（约240克），酸菜80克，培根2片，花生粉少许，卤包1个，姜末10克，香菜叶5克

调料

酱油80毫升，水350毫升，白糖15克

做法

① 取一汤锅，放入水、酱油和卤包，加入少许白糖煮开。

② 另取平底锅，倒入少许色拉油，放入培根煎熟勿上色，取出。放入黑豆干双面煎至有香味，再放入卤汁中，卤15分钟至熟。在平底锅中加入少许色拉油，炒香姜末，加入酸菜，再以剩余白糖调味备用。

③ 将卤豆干从中剖开，依序放入煎培根、酸菜和花生粉，最后撒上香菜叶即可。

香油姜味豆干

材料
五香豆干100克，猪肉片80克，姜片30克，枸杞子5克

调料
盐适量，香油60毫升，料酒50毫升，高汤100毫升

做法
1. 将五香豆干洗净，切成斜片备用。
2. 锅烧热，倒入香油炒香姜片，再放入猪肉片拌炒。
3. 再放入五香豆干片拌炒，加入料酒使酒精味道挥发，续加入高汤和盐调味，最后放入泡软的枸杞子即可。

烟熏奶酪豆干

材料
烟熏奶酪80克，五香豆干60克，小西红柿30克，苜蓿芽10克，小豆苗5克

调料
盐适量，白胡椒粉适量，橄榄油少许

做法
1. 五香豆干洗净，切成四方丁状；烟熏奶酪切成1.5厘米的厚片，备用。
2. 小西红柿洗净切片状，备用。
3. 锅烧热，加入橄榄油，放入五香豆干丁煎至上色，再加入盐和白胡椒粉调味。取盘，放上烟熏奶酪片，依序放上苜蓿芽、五香豆干和小西红柿片，最后以小豆苗装饰即可。

PART 4

其他豆制品变化料理

黄豆打成豆浆后能够制成的产品有很多，除了豆腐、豆干之外，豆皮、豆包、腐皮、腐竹等都是很常见的美味食材，由于其营养价值高又平价，也常被用来制作素食料理。究竟这些豆制品又能变化出什么美味来？翻开本篇就知道！

白菜煮豆皮

材料
豆皮60克，干香菇2朵，大白菜600克，姜片10克，胡萝卜丝20克，香菜少许

调料
盐1/4茶匙，白糖1/2茶匙，香菇粉1/4茶匙，香油少许，水300毫升

做法
1. 豆皮泡软、切小片，再放入滚水中汆烫一下，捞起沥干；干香菇洗净、泡软切丝；大白菜洗净、切片，备用。
2. 热锅，加入2大匙色拉油，放入姜片爆香至微焦后，放入香菇丝炒香。
3. 续放入胡萝卜丝、大白菜片和豆皮炒软，最后加入所有调料拌匀，煮至所有食材入味后再加入香菜即可。

西红柿烧豆皮

材料
豆皮50克，西红柿250克，姜末5克，芹菜段15克

调料
盐1/4茶匙，西红柿酱1茶匙，白糖1/2大匙，酱油少许

做法
1. 豆皮泡软、切小片，再放入滚水中汆烫一下，捞起沥干；西红柿洗净切块，备用。
2. 热锅，加入2大匙色拉油，放入姜末爆香，再放入西红柿块拌炒均匀。
3. 续加入豆皮片、芹菜段和所有调料拌匀，烧煮至入味即可。

芹菜炒豆皮

材料
芹菜120克，豆皮60克，黑木耳丝20克，姜丝10克，红辣椒圈10克

调料
盐1/4茶匙，香菇粉少许，白胡椒粉少许

做法
1. 芹菜去根部和叶后洗净、切段；豆皮洗净、切丝，备用。
2. 热锅，加入2大匙色拉油，放入姜丝、红辣椒圈爆香，再放入芹菜段、黑木耳丝炒匀。
3. 再放入豆皮丝和所有调料，拌炒至均匀入味即可。

毛豆炒豆皮

📋 **材料**

毛豆仁200克，豆皮50克，蒜末1/2茶匙，猪肉馅80克

🧂 **调料**

水100毫升，鸡精少许，盐少许，香油少许

🍳 **做法**

① 毛豆仁放入滚水中氽烫至外观呈现翠绿色时，捞起备用；豆皮放入滚水氽烫去油后，切成约1厘米的段状备用。

② 热锅，加入适量色拉油后，放入猪肉馅拌炒至呈松散状，续加入蒜末炒香，再加入豆皮段、所有调料（香油先不加）和毛豆仁炒匀后，淋入香油略拌炒即可。

什锦大锅煮

📋 **材料**

猪小排400克，大白菜块800克，豆皮60克，西红柿2个，姜末30克，辣味肉酱罐头1罐

🧂 **调料**

盐1茶匙，白糖1大匙，料酒2大匙，水800毫升

🍳 **做法**

① 猪小排剁小块，放入滚水中氽烫至变色，捞出洗净备用；西红柿去蒂后洗净切小块；豆皮泡水至软后冲洗干净。

② 取锅烧热后倒入少许色拉油，先放入姜末以小火爆香，再放入猪小排和料酒以中火炒约1分钟。

③ 再盛入汤锅中，加入水、西红柿、豆皮、大白菜块、辣味肉酱及盐、白糖，以大火煮开，改小火加盖续煮约40分钟至猪小排软烂且汤汁略收干即可。

香菇豆包卷

材料
豆包5片，香菇丝3朵，胡萝卜丝30克，沙拉笋丝50克，芹菜段30克，面糊适量

调料
盐1/4茶匙，白糖1/4茶匙，胡椒粉少许

做法
1. 热锅，倒入1大匙香油（材料外），先放入香菇丝稍微拌炒，放入胡萝卜丝、色拉笋丝拌炒均匀，再加入所有调料炒至所有材料入味。
2. 将豆包铺平，放入适量以上材料后卷起，尾端抹上少许面糊卷紧。重复此做法至豆包和材料用毕。
3. 热锅，加入适量色拉油，将豆包卷封口朝下放入锅中，以中小火慢慢煎至豆包卷表面焦香即可。

炒什锦素菜

材料
生豆皮1块，胡萝卜30克，黑木耳50克，魔芋丝100克，姜10克

调料
酱油1大匙，味醂1/2大匙，盐1/4茶匙，橄榄油1茶匙

做法
1. 生豆皮洗净切丝；胡萝卜洗净切丝；黑木耳洗净切丝；姜洗净切片。
2. 煮一锅水，将魔芋丝汆烫去味备用。
3. 取一不沾锅放橄榄油后，爆香姜片。
4. 加入其余材料及其余调料拌炒均匀，即可盛盘。

杏鲍菇炒豆包

材料
杏鲍菇200克，豆包1块，胡萝卜丝20克，黑木耳丝10克，四季豆20克

调料
酱油1大匙，白糖1茶匙，白胡椒1茶匙，水200毫升，香油1茶匙

做法
1. 杏鲍菇洗净切成面条状备用。
2. 豆包略炸香后切条状；四季豆洗净切斜段。
3. 热锅，将胡萝卜丝和黑木耳丝放入炒香，再加入其余材料与所有调料，拌炒至汤汁略收干即可。

绿豆芽炒豆包

📁 **材料**

绿豆芽300克，豆包2片，胡萝卜丝20克，蒜末1/2茶匙

📋 **调料**

盐1/2茶匙，鸡精1/4茶匙

📖 **做法**

1. 绿豆芽洗净沥干备用。
2. 豆包洗净切丝备用。
3. 锅烧热，倒入1大匙色拉油，放入蒜末爆香。
4. 再放入绿豆芽、豆包丝、胡萝卜丝和所有调料，以大火炒1分钟即可。

姜汁豆包

📁 **材料**

豆包2片，干香菇2～3朵，姜汁10毫升，红辣椒1个，姜10克

📋 **调料**

酱油3大匙，盐1茶匙，白糖1茶匙，水150毫升，香油1大匙

📖 **做法**

1. 豆包洗净切对半；干香菇泡软切丝；姜、红辣椒洗净切丝，备用。
2. 热油锅至油温约160℃，放入豆包以中火油炸约3分钟，捞出沥油备用。
3. 锅留余油烧热，放入香菇丝、姜丝以中火爆香，再加入所有调料，以中火煮至滚沸后，放入豆包、红辣椒丝，煮约5分钟即可。

芹菜拌豆包

📁 **材料**

芹菜150克，豆包1片，胡萝卜15克，黄豆芽40克，嫩姜丝5克，红甜椒丝少许

📋 **调料**

盐1/4茶匙，白糖1/4茶匙，香油1大匙

📖 **做法**

1. 芹菜洗净沥干后，去除叶子，切段状；豆包略冲清水后，切长条状；胡萝卜洗净沥干，切丝状，备用。
2. 取锅，倒入350毫升的水煮至滚沸，放入芹菜段、豆包条、胡萝卜丝和黄豆芽烫约1分钟后，捞起泡入冰水中约1分钟，再捞起沥干备用。
3. 将所有调料混合拌匀，再和芹菜段、豆包条、胡萝卜丝、黄豆芽和嫩姜丝拌匀后盛盘，放上红甜椒丝即可。

绿咖喱炒豆包丁

材料
豆包2块，红甜椒15克，黄甜椒15克，青椒15克

调料
素绿咖喱酱1大匙，白糖1茶匙，水50毫升

做法
1. 豆包洗净切成丁状备用。
2. 甜椒、青椒洗净，切成菱形块状备用。
3. 锅中加入所有调料炒匀，加入豆包、青椒、甜椒一起拌炒均匀即可。

干烧豆包

材料
豆包2块，姜末10克，四季豆末20克，胡萝卜末10克，红辣椒末5克，香菇末5克

调料
辣椒酱1大匙，白糖1茶匙，水150毫升，香油1大匙

做法
1. 豆包洗净沥干后，用140℃油炸至金黄后，取出沥干油，切块状备用。
2. 热锅，将姜末、四季豆末、胡萝卜末、红辣椒末、香菇末放入锅中炒香。
3. 再加入豆包块及所有调料，干烧至汤汁略收干即可。

素烧豆包

材料
豆包3片，干香菇3朵，胡萝卜25克，芹菜30克

调料
素蚝油2大匙，酱油1茶匙，香油1茶匙，冰糖少许，水200毫升

做法
1. 豆包洗净切大片；香菇泡水至软切丝；胡萝卜洗净去皮切丝；芹菜去叶片洗净切段，备用。
2. 热锅，倒入1大匙的色拉油，放入香菇丝爆香，再放入胡萝卜丝炒匀。
3. 加入豆包片、所有调料煮约1分钟，再放入芹菜段炒匀即可。

椒麻脆皮素鸡

材料
豆包1块，红辣椒末5克，香菜末3克，姜末5克，罗勒适量，低筋面粉80克

调料
酱油1茶匙，辣油1茶匙，香油1茶匙，白胡椒1/2茶匙，花椒粉10克，水40毫升

做法
1. 豆包洗净，沾裹混合拌匀的低筋面粉和水，用140℃油炸至金黄后沥干油，切块状；罗勒洗净，油炸至酥后盛盘，备用。
2. 热锅，放入花椒粉、红辣椒末、姜末、香菜末炒香，再加入炸过的豆包块及所有调料拌匀，放入盘中即可。

药膳炖素鳗鱼

材料
豆包6片，豆皮4张，海苔4张，姜片10克，面糊少许，水600毫升，盐少许，白胡椒粉少许

中药材
当归10克，川芎10克，党参15克，红枣10颗，黄芪15克，枸杞子10克

做法
1. 豆包洗净抹上盐和白胡椒粉，取一张海苔片垫底，将1.5张抹匀的豆包放在海苔上后卷起，于尾端涂上面糊后卷紧。
2. 将上述卷好的材料放至豆皮上卷起，于尾端涂上少许面糊后卷紧，放入蒸锅中蒸约5分钟；取出放凉后切段，续放入油锅中炸约1分钟至表面呈现金黄色后，捞起沥油，即为素鳗鱼。
3. 将中药材洗净，放入锅中，加水、姜片煮约10分钟，加入素鳗鱼，炖煮至入味即可。

口袋油豆包

材料

日式油豆包3片，瘦猪绞肉50克，韭菜花1棵，洋葱1/6个，牛蒡30克，市售高汤500毫升

调料

盐1/4茶匙，酱油1/2茶匙，白糖1/4茶匙

做法

1. 将牛蒡、洋葱洗净切丝；韭菜花去花苞洗净，氽烫撕成3条长丝，备用。
2. 将瘦猪绞肉放入容器中，加入盐搅拌数下，加入其余调料拌匀成肉馅。
3. 加入牛蒡丝、洋葱丝拌匀。
4. 将肉馅塞入日式油豆包内，用韭菜丝扎紧开口，重复此做法直到材料用完。
5. 将豆包放入市售高汤中，炖煮15分钟即可。

茄汁豆包

材料

豆包4片，洋葱1/4个，蒜末2茶匙，香菜适量

调料

盐1/4茶匙，白糖2大匙，醋2大匙，西红柿汁60毫升，水300毫升，水淀粉适量

做法

1. 豆包切成大片状；洋葱洗净去皮切丝，备用。
2. 热锅倒入适量的色拉油，待油温烧热至150℃时，放入豆包片炸至金黄酥脆后，捞出沥油备用。
3. 锅中留少许油，放入洋葱丝、蒜末爆香后，加入所有调料炒至汤汁沸腾。
4. 再加入豆包片，转中火烧至豆包膨胀且入味后，以水淀粉勾芡并加入香菜即可。

素蚝油腐竹

材料
腐竹60克，生菜200克，姜丝10克

调料
素蚝油2大匙，盐少许，香菇粉少许，香油1/2茶匙，水150毫升

做法
1. 腐竹洗净、泡软后切段，备用。
2. 生菜洗净、切片。
3. 热锅，加入1大匙色拉油，放入姜丝爆香，放入腐竹段拌炒，加入除水外的调料炒匀，再加入水煮至微干后盛出。
4. 热锅，加入1大匙色拉油，放入生菜和少许盐（分量外）炒熟后盛盘，再放入腐竹段即可。

鲜菇烩腐竹

材料
腐竹50克，鲜香菇40克，蘑菇30克，胡萝卜片20克，甜豆荚40克，姜片5克

调料
盐1/4茶匙，香菇粉少许，白糖1/4茶匙，香油少许，醋少许，水200毫升，水淀粉少许

做法
1. 腐竹洗净、泡软后切段，备用。
2. 鲜香菇、洋菇各洗净切片；甜豆荚去头尾和粗丝后洗净。
3. 热锅，加入色拉油，放入姜片、鲜香菇片、蘑菇片炒香，放入胡萝卜片和腐竹段、水，炒约1分钟。
4. 加入甜豆荚、其余调料煮至食材入味，再以水淀粉勾芡即可。

酱油拌腐竹

材料

腐竹100克，鲜香菇1朵，蒜瓣3颗

调料

Ⓐ 酱油50毫升，水350毫升 Ⓑ 香油1大匙，酱油1大匙，酱油膏1茶匙，白糖1茶匙，白胡椒粉少许，冷开水1大匙

做法

1 将腐竹洗净、泡水、切段，加入调料A煮约10分钟备用。

2 将蒜切片；鲜香菇洗净氽烫后切片备用。

3 取一容器，加入所有调料B拌匀，成为酱汁备用。

4 将腐竹段及蒜片、鲜香菇片放入容器中，略为拌匀盛盘，以小豆苗（材料外）装饰即可。

白菜拌豆皮

材料

Ⓐ 豆皮2片，白菜1/2个（约250克） Ⓑ 芹菜段适量，胡萝卜丝10克，香菜末适量，蒜末适量

调料

香油1大匙，辣油1茶匙，盐少许，白胡椒粉少许

做法

1 豆皮放入滚水中快速氽烫，再捞起沥干切成条状，备用。

2 白菜洗净切丝，用少许盐（分量外）抓匀至出水，再将白菜丝泡水至无咸味，滤除水分，备用。

3 将豆皮、白菜与所有材料B一起混合拌匀，再加入所有调料一起搅拌均匀即可。

炸豆皮海苔卷

材料

豆皮5张，海苔5张，魔芋5片，面糊少许

调料

盐少许，西红柿酱2大匙，蛋黄酱1茶匙，白胡椒粉少许

做法

❶ 将海苔与豆皮切成相等长；魔芋切片，备用。

❷ 豆皮铺底，放上海苔片，再加入魔芋片，将豆皮缓缓卷成卷筒状，使用面糊封口备用。

❸ 将卷好的豆皮卷放入油温180℃的油锅中炸成金黄色，取出沥油后切成段状；将所有调料搅拌均匀，淋在海苔卷上即可。

树子蒸豆皮

材料

豆皮3片，鸡蛋1个，香油适量

调料

树子酱汁2大匙，树子3大匙

做法

❶ 豆皮洗净，稍微撕成小块备用。

❷ 将鸡蛋与树子酱汁、树子调匀，加入豆皮拌匀盛盘。

❸ 封上可加热的保鲜膜，入蒸锅以大火蒸约10分钟，起锅淋上香油即可。

豆皮春卷

📋 材料

Ⓐ 豆皮3张，小黄瓜丝50克，发菜10克，胡萝卜丝50克，竹笋丝50克，绿豆芽50克 Ⓑ 中筋面粉80克，淀粉20克，水60毫升

📋 调料

盐1/2茶匙，酱油1大匙，香油1大匙，胡椒粉1茶匙，五香粉1茶匙

📋 做法

❶ 材料A和调料混合拌匀；材料B混合拌匀成面糊。

❷ 豆皮洗净切三角形，成3等份，平铺后放入适量做法1的材料包成春卷状，沾上面糊，放入140℃的油锅中炸至外观呈金黄酥脆状，捞起沥油即可。

腐乳豆皮卷

📋 材料

豆皮2张，黄豆芽500克，香菇300克，金针菇300克，胡萝卜30克，素火腿30克，发菜少许

📋 调料

Ⓐ 酱油膏1大匙，白糖1大匙，香油1茶匙，水淀粉1茶匙，胡椒粉1/4茶匙，盐1/4茶匙 Ⓑ 红曲豆腐乳4块，白糖1大匙，香油1大匙，水100毫升

📋 做法

❶ 取豆皮一张洗净切成6小张；发菜泡发沥干。

❷ 将其余材料放入锅中炒熟，再加入调料A炒香后放凉。

❸ 取一小张豆皮摊平，放入适量做法2的材料，包卷成筒状。

❹ 取一平底锅，加入少许色拉油，放入豆皮卷，煎至焦香味溢出，再加入混合拌匀的调料B、发菜，以小火煮至香味溢出，盛盘，再放入烫熟的芥菜（材料外）装饰即可。

麻辣豆皮卷

📋 材料
半圆豆皮2张，胡萝卜20克，小黄瓜10克，芹菜2株，绿豆芽200克

🧂 调料
红油1茶匙，香油1茶匙，姜汁5克，醋1茶匙，豉汁酱油3大匙

🍳 做法
① 胡萝卜去皮洗净切丝；小黄瓜洗净切丝；芹菜去叶洗净；所有调料调匀即为麻辣酱汁，备用。
② 依序将半圆豆皮裁成长方形，包入胡萝卜丝、小黄瓜丝、芹菜段及绿豆芽，卷成圆条状，封口处抹上少许面糊（材料外）黏合，两端捏紧备用。
③ 热油锅至油温约150℃，放入做法2的材料以中火炸至表面呈金黄酥脆，起锅沥油切段，食用前蘸上麻辣酱汁即可。

烤素方

📋 材料
Ⓐ 豆皮5张，素火腿末80克，芹菜末20克，竹笋末30克 Ⓑ 中筋面粉200克，水50毫升

🧂 调料
胡椒粉1茶匙，白糖1/2茶匙

🍳 做法
① 材料A（豆皮不加入）和拌匀的调料混合；材料B混合拌匀成面糊备用。
② 豆皮平铺，抹上适量面糊，撒上适量拌匀的材料A，叠上另一张豆皮，重复上述做法至豆皮用完为止；将叠好的豆皮压紧后再修成四边形，在上下两面均匀抹上面糊备用。
③ 在120℃的油锅中，放入半成品，炸约4分钟至两面外观金黄酥脆，开大火逼油，捞起趁热切片即可。

养生豆浆

📋 材料
栗子30克，薏仁30克，原味豆浆800毫升，腰果50克，莲子30克

🧂 调料
水1000毫升，冰糖150克

🍳 做法
① 将腰果、莲子、栗子、薏仁洗净，浸泡水约5小时后沥干，放入内锅中；再加入1000毫升的水，外锅加入1杯水，放入电饭锅中煮至开关跳起。
② 将做法1的全部材料倒入果汁机中，加入原味豆浆一起搅拌成浆。
③ 再倒入锅中，加入冰糖，煮至冰糖融化即可。

豆浆芝麻糊

🥢 **材料**

黑芝麻粉50克，原味豆浆400毫升

🥄 **调料**

白糖80克，水淀粉2大匙

🍳 **做法**

1. 将黑芝麻粉、豆浆及白糖一起放入汤锅，煮滚后转小火。
2. 用水淀粉勾薄芡后即可。

薏仁豆浆

🥢 **材料**

黄豆100克，薏仁150克

🥄 **调料**

水2500毫升，冰糖150克

🍳 **做法**

1. 黄豆、薏仁洗净，泡水约6小时，备用。
2. 将黄豆、薏仁放入果汁机中，加入1000毫升的水搅打成浆。
3. 取一锅，加入1500毫升的水煮滚，慢慢倒入薏仁豆浆，煮滚后转小火续煮约15分钟，至无豆腥味。
4. 将薏仁豆浆倒入纱布袋中，滤掉薏仁豆渣；再加入冰糖，煮至冰糖融化即可。

咸豆浆

🥢 **材料**

原味豆浆500毫升，白萝卜干120克，虾皮35克，葱适量，油条1/2条

🥄 **调料**

白糖少许，米酒少许，白胡椒粉少许，醋1/4茶匙，盐少许，辣油1/4茶匙

🍳 **做法**

1. 白萝卜干和虾皮分别洗净、沥干；油条切小块；葱切葱花，备用。
2. 热锅，加入白萝卜干炒至干香后，放入少许白糖炒匀后盛起。
3. 热锅，加入适量色拉油，放入虾皮，以小火炒香，加入少许米酒、白胡椒粉炒匀，盛起备用。
4. 取一碗，放入适量白萝卜干与适量的虾皮、醋和盐，倒入热原味豆浆，再摆上油条块和葱花，加入辣油即可。

豆浆咸燕麦粥

📋 材料
原味豆浆1000毫升，燕麦80克，猪瘦肉80克，香菇10克，胡萝卜30克，白果20克，芹菜末适量

🍶 调料
盐1/2茶匙，香菇精少许，水500毫升

📖 做法
1. 猪瘦肉洗净切丁，放入沸水中汆烫，备用。
2. 香菇泡软切丁；胡萝卜洗净切丁，备用。
3. 取一锅，放入水、猪瘦肉丁及燕麦，煮滚后转小火拌煮约25分钟，续放入香菇丁、胡萝卜丁、白果。
4. 锅中倒入原味豆浆，煮约15分钟，再加入其余调料拌匀，煮至入味，食用前撒上芹菜末即可。

豆浆清粥

📋 材料
黄豆60克，大米50克，水1000毫升

📖 做法
1. 黄豆洗净、泡约8小时至软后，冲洗沥干备用。
2. 大米洗净，加入500毫升的水煮滚后，再转小火煮约20分钟。
3. 将黄豆放入果汁机中，加入500毫升的水打成豆浆，再过滤除去豆渣。
4. 将滤好的豆浆先用大火煮滚后，再倒入粥中一起拌匀，续用小火煮约10分钟即可。

豆浆蒸蛋

📋 材料
原味豆浆250毫升，高汤50毫升，鸡蛋2个，鱼板2片，蟹肉丸2个，虾仁2只，香菜叶2片

🍶 调料
盐少许，鸡精少许，水淀粉1茶匙，米酒1/4茶匙

📖 做法
1. 鸡蛋打散，加入原味豆浆、高汤与所有调料搅拌均匀，过筛后倒入适当容器中。
2. 虾仁去肠泥后洗净，与鱼板、蟹肉丸一起放入沸水中汆烫后捞出，备用。
3. 取一蒸锅，待水滚后放入做法1的蒸蛋，蒸约8分钟至凝固，再于表面放上做法2的材料，封好保鲜膜；续入锅蒸约7分钟至熟后取出，撕除保鲜膜，放上香菜叶即可。

豆浆滑蛋虾仁

📋 **材料**

鸡蛋4个,虾仁80克,葱花15克,原味豆浆80毫升

🍶 **调料**

盐1/4茶匙,米酒1茶匙,淀粉1茶匙

📖 **做法**

1. 虾仁洗净,入锅氽烫,在水滚后5秒即捞出冲凉沥干;淀粉与豆浆调匀,备用。

2. 碗中打入鸡蛋,加盐、米酒拌匀,接着加入虾仁、豆浆及葱花拌匀。

3. 热一炒锅,加入2大匙色拉油,将做法2的材料再拌匀一次后,倒入锅中,以中火翻炒至蛋液凝固即可。

豆浆烧鱼

📋 **材料**

鲈鱼1条(约500克),竹笋片20克,胡萝卜片20克,葱段30克,红辣椒1个,姜片20克,原味豆浆300毫升

🍶 **调料**

盐1/2茶匙,鸡精1/4茶匙,白糖1/4茶匙

📖 **做法**

1. 红辣椒洗净切片;将鲈鱼洗净,去肠杂,以厨房纸巾擦干,在鱼身两面各划一刀,放入热油锅中煎至两面微焦后,取出装盘,备用。

2. 锅留余油,以小火爆香葱段、红辣椒片及姜片,接着加入豆浆、竹笋片、胡萝卜片及鲈鱼;以小火煮滚,再煮约2分钟后,加入盐、鸡精及白糖,续煮约1分钟即可。

豆浆烩白菜心

📋 **材料**

白菜心600克,虾米30克,姜20克,原味豆浆400毫升

🍶 **调料**

盐1/4茶匙,鸡精1/4茶匙,白糖1/4茶匙,水淀粉1茶匙

📖 **做法**

1. 将白菜心从蒂头剖开后洗净;虾米用开水浸泡约10分钟后洗净;姜洗净切末,备用。

2. 热一炒锅,转小火,放入2大匙色拉油,将虾米及姜末放入炒香。

3. 加入原味豆浆、白菜心,接着放入盐、鸡精、白糖调味,即可转大火,煮至滚后再转小火煮约15分钟,最后用水淀粉勾薄芡即可。

豆浆什锦锅

🥬 材料

A

海带	100克
原味豆浆	2000毫升
水	8茶匙

B

猪肉片	600克
圆白菜	1/2棵
洋葱	1/2个
胡萝卜	100克
豆腐	2块
豆皮	3片
蛋饺	8个
鲜香菇	4朵
菠菜	200克

🧂 调料

盐	少许
淀粉	4茶匙

📋 做法

❶ 先将材料B中猪肉片以外的全部材料洗净；淀粉和水调成水淀粉。

❷ 圆白菜洗净切成适当大小的块状；洋葱洗净切细条；胡萝卜洗净去皮切片；豆腐洗净切成块状；菠菜洗净切段；香菇洗净对切，备用。

❸ 取一锅，倒入原味豆浆，将海带擦干放入锅中浸泡约10分钟后开中火，在豆浆沸腾前将海带取出。

❹ 将水淀粉倒入锅中勾薄芡，以防豆浆变成碎豆花状。

❺ 加少许盐调味后，将材料B依个人喜好按顺序放入锅中，以大火煮熟即可食用。

山药豆浆锅

材料
原味豆浆800毫升，山药300克，鸡腿1个，蒜末10克，枸杞子少许

调料
盐1/2茶匙，鸡精1/2茶匙，白胡椒粉少许

腌料
盐少许，白糖少许，米酒1茶匙，淀粉少许

做法
1. 山药洗净去皮切块；枸杞子冲洗干净，备用。
2. 鸡腿洗净、去骨切块，加入所有腌料拌匀，腌约20分钟备用。
3. 热锅，加入适量色拉油，爆香蒜末，再加入鸡腿块，炒至颜色变白。
5. 锅中加入山药、枸杞子及原味豆浆，煮至滚沸后加入所有调料，拌匀煮至入味即可。

豆浆拉面

材料
原味豆浆400毫升，高汤200毫升，拉面300克，绿豆芽30克，海带芽10克，玉米粒40克，叉烧肉片4片，卤蛋1/2个，葱花10克

调料
盐1/4茶匙，鸡精1/4茶匙

做法
1. 将原味豆浆、高汤混合煮滚，再加入所有调料拌匀。
2. 另热一锅，加入约半锅的水量煮滚后，放入海带芽、绿豆芽汆烫后捞出，备用。
3. 续放入拉面，煮约2分钟至弹软，备用。
4. 取一大碗，盛入拉面，再加入海带芽、绿豆芽，续放入玉米粒、叉烧肉片、卤蛋，最后倒入豆浆高汤，并撒上葱花即可。